米陸軍戦略大学校テキスト
孫子とクラウゼヴィッツ

マイケル・I・ハンデル
杉之尾宜生・西田陽一=訳

Sun Tzu and Clausewitz:

The Art of War and on War Compared

by Michael I. Handel

Originally Published

by Strategic Studies Institute U.S. Army War College

文庫版刊行に寄せて

米国陸軍戦略大学校（U.S. Army War College）には「戦争を促進するのではない。平和を守るのだ（Not to promote war, but to preserve peace.）」という標語がある。この学校は、米西戦争等の教訓から上級の指揮官・参謀を育成するために設立され、これまで一世紀以上にわたって、米国のみならず世界中の軍のリーダーとなる者たちの教育にあたってきた。

私は、一九九九年から二〇〇〇年にかけて、自衛隊からの留学生として本校の門をくぐった。当時の米軍は、冷戦の終結から約一〇年を経て、湾岸戦争の圧倒的な勝利にもかかわらず、旧ユーゴスラビアやソマリア等への関与の難しさに直面していた。そして、冷戦後の新しい世界秩序に向けて、あるべき軍隊の姿を模索している時期でもあった。

二一世紀の戦場において勝利を獲得するために何を考え準備すべきか。本校の教育では、未来を想定した近代的軍事組織のあり方と、古典の研究など歴史の知恵から未来を見出そうとする探求の姿勢にも大きな刺激を受けた。そのような雰囲気の中で、当時特に学生の間で関心を集めていたのが『孫子』だった。

戦略大学校の教育は、軍事・安全保障はもとより、外交・経済・社会・未来学など多岐にわたっていた。講義よりも教官と学生間の討議に重きが置かれ、様々な科目で『孫子』『戦争論』など古今東西の著名な戦略論が引用され、その解釈と現代への適用が議論された。

特に、日本から来た私には、『孫子』について相当の造詣があるだろうという誤解もあってか、コメントを求められることが多かった。しかし、実際には汗顔の思いで勉強不足を痛感することばかりで、それが改めて『孫子』を一からひもとく契機となった。その時に学生用のテキストとして使用していたのが、本書『米陸軍戦略大学校テキスト　孫子とクラウゼヴィッツ』である。

冷戦の終結に伴い、第二次世界大戦後から半世紀にわたって続いてきた戦略構造は大きく変化した。二一世紀を迎えたばかりの当時から、大量破壊兵器の拡散やテロリズムなど新しい次元の脅威への備えと、圧倒的優勢を獲得するための未来型の軍隊のあり方などが懸命に模索されていた。同時に、その解を見出すための深い関心が、『孫子』『戦争論』をはじめとする古典の戦略書に寄せられていた。

そして今、戦場の環境は、従来の陸海空という領域から、宇宙・サイバー空間まで広がるクロスドメインの時代になり、安全保障や軍事科学技術の分野においても革命的変化が起こっている。また、世界各地で発生している地域紛争やテロ、大量破壊兵器やミサイル開発の拡散、そして我が国周辺においても、現在の秩序を変更しようとする勢力による様々な脅威や危険に直面している。

その中で、『孫子』と『戦争論』という、時代も、場所も、環境も異なる二つの戦略論には、人類にとっての戦争・軍事という行為が、その本質において現代にも裨益するところのいかに多いかを感じさせられる。

本書は、ともすれば難解と思われる二つの代表的な戦略論のエッセンスを、あたかも『孫子』の著者である孫武と『戦争論』の著者であるクラウゼヴィッツが対話しているかのように、わかりやすく解説している。

戦争という行為における両者の共通点と、当時から米国の軍人たちが高い関心を示していたように、複雑で不確実な冷戦後の戦略環境における『孫子』の特徴ともいえる東洋的発想の今日的意義を改めて感じさせられる。そして、時代を超えて二一世紀の新しい戦略環境を生き抜いていく上でも、本書は大変貴重で有意義なものであると思う。

近年、安全保障・国防についての関心が高まっているが、軍事と戦略の本質を探究する上で、今般、文庫版として発刊される本書の果たす役割は大きいものと確信する。

二〇一七年八月

元陸将　西部方面総監　番匠　幸一郎

訳者まえがき

アメリカは、一九七五年四月、ベトナムからの不名誉な撤退を余儀なくされた。それ以来、「局地における戦術的な作戦・戦闘では敗北していないのに、何故？」の疑問に答えが出ないまま、ベトナム戦争敗北症候群に陥ってしまった。

この重苦しいベトナム戦争敗北症候群で低迷する一九七五年から八〇年代前半にかけて、アメリカ国防総省は「アメリカ軍がベトナムにおいて局地の戦闘で勝利を重ねておりながら、結果的に不名誉な敗北と撤退を余儀なくされたのは何故か？」という課題研究に真摯な態度で粘り強く取り組んだ。このとき、「軍事古典研究」分野を主導したのが、戦略研究家・故マイケル・ハンデル教授であった。

時の国防総省は、全国の大学や研究所に散在する、『孫子』やクラウゼヴィッツ『戦争論』、ジョミニ『戦争概論』などの軍事古典の研究者たちと、陸・海・空・海兵隊四軍の大佐・中佐クラスの高級将校らを糾合し、一見、迂遠とも思われる基礎的な軍事古典の研究を地道に行わせた。

その研究成果は、一九八四年一一月二八日、ナショナル・プレスクラブでワインバーガー国防長官が行った「軍事力の行使」という演説に結実し、八六年の「国防報告」に反映され、その後「ワインバーガー・ドクトリン」と呼ばれて今日に至っている。

「ワインバーガー・ドクトリン」は、次の六本柱に結晶される。

第一柱（国家の合理的行動）　アメリカ、もしくは同盟国の死活的な利益が危殆に瀕しない限り、アメリカは海外の作戦・戦闘に、戦力を投入するべきではない。

第二柱（戦力の最大限集中）　もしアメリカが、与えられた条件のもとで作戦部隊の投入を決断したならば、我々は明確なる勝利の意思表示として、十分なる戦力を投入するべきである。

第三柱（政治・軍事目標の明確なる定義づけ）　もしアメリカが、海外の戦闘に戦力投入する決断をしたならば、政治的、軍事的な達成目標は具体的に定義されなければならない。

第四柱（政治・軍事目標の持続的再評価）　政治・軍事的目標と投入戦力（規模・編成・配置）の相関関係は、必要に応じ持続的に再評価され吻合されなければならない。

第五柱（国民世論の支持）　作戦部隊の投入に先行して、アメリカ国民と彼らが選出したアメリカ議会の支持獲得に関し合理的な確信が得られなければならない。

第六柱（国家の合理的行動）　武力戦にアメリカ合衆国軍隊を投入するのは、最終的な手段でなければならない。


　私は、最初にこの「ワインバーガー・ドクトリン」に接したとき驚愕した。「何だ、これは！　いずれの柱も孫武（孫子）やクラウゼヴィッツらが一点の疑義もなく鮮明に強調し訴え続けていたことばかりではないか！」。この至極当然でわかりきった普遍のことがらを学習するために、アメリカは一〇年の歳月、最大投入兵力約五五万三〇〇〇名、そして約六万名に上る人的犠牲、そして国家財政を破綻寸前に追い込むまでの財政的犠牲を払わなければならなかったことに愕然としたのである。

　しかし、同時に、「日本は支那事変から大東亜戦争に及ぶ約八年一カ月九日にわたる戦いと敗北から、我々自身で何物かを学習したであろうか?」と自問せざるを得なかった。日本人自らが敗北に至る軌跡を真摯に反省し総括するという知的努力を怠って、今日に至っており、私はそれを恥ずかしく思い反省せざるを得ない。

アメリカ人が、ベトナムにおける失態から学習するに際し、単にベトナム戦争史から学ぶだけではなく、一見迂遠で無縁無駄とも思える「軍事古典」の研究から始めたところに、アメリカという国が有する復元力の源泉を垣間見た気がする。

本書『米陸軍戦略大学校テキスト 孫子とクラウゼヴィッツ』は、ベトナム戦争敗北の真因を解明するために行った「軍事古典研究」において主動的な役割を演じた故マイケル・ハンデル教授による基礎研究の成果物である。その梗概を簡潔に略述すれば、次のようになる。

フランス革命後のナポレオン戦争から第一次世界大戦、第二次世界大戦、朝鮮戦争、ベトナム戦争、そして中東戦争を概観すると、その様相は科学技術の進展の影響を大きく蒙り、著しい変貌を遂げたが、戦争における人間の本性、政治性、各国の合従連衡、最高政治指導者や軍隊指揮官のリーダーシップなどは、時代的な変化の影響をほとんど蒙っていないことを、我々は思い知らされる。

戦争を論じた不朽の名著として中国春秋時代に孫武が著した『孫子』と、ナポレオン戦争の洗礼を受けたプロイセンの将軍カール・フォン・クラウゼヴィッツが著した『戦争論』とは、東洋と西洋とを代表する軍事古典としてしばしば対比的に論じられてきた。両者の間には多くの共通点が存在するにもかかわらず、これらの間に存在する相違点、矛盾点などが誇大に摘出されて刺激的に論じられてきた。

両者の比較研究の必要性は以前から求められてきてはいたが、両者が生成された時代背景、地域特性、その時代の戦争様相などの特異性について一人の研究者が同時に通暁することは至難の業であるため、今日に至るまで両者の本格的な比較論はなかなか世に出てこなかったのが実情である。

その意味で本書による故ハンデル教授の挑戦は野心的であり、かつワインバーガー・ドクトリン創出に至る研究実績がもたらした貴重な副産物であると評価できる。

本書の梗概を大胆に結論づければ、従来我々が両者の相違点として喧伝してきた事項の大半は、見方やアプローチの違いであったり、あるいは補完関係にあるものであり、実態的には共通性が予想以上に多い。そして明確に相違点といえる事項は、「情報」「欺瞞」「勇気」などごくわずかであることが論じられている。

比較の展開が、それぞれの原文を事項ごとに掲げ、孫武とクラウゼヴィッツとによる対話的な書き方になっているところは、読者にとっては非常に読みやすいのではないだろうか。

このベトナム戦争敗北症候群の克服努力に関連して、元米陸軍戦略大学校教授であった故ハリー・G・サマーズJr.陸軍大佐は、著書 *The New World Strategy*（邦訳『アメリカの戦争の仕方』杉之尾宜生・久保博司訳、講談社、二〇〇二年）において、「戦争目的と軍事的成果の相関」について、クラウゼヴィッツを引用しつつ次のように言い切っている。

すなわち、「いかなる戦争も政治目的に奉仕しなければならず、したがって、いかなる戦争も政治指導者によって決定され、指導され、方向づけられなければならない」、そして、「軍事的勝利は、自動的に最終的な政治目的達成を保障するものではない」と。

『孫子』も『戦争論』も、故サマーズ大佐が喝破するとおり、実は「政治と軍事との相関関係」、すなわち「シヴィリアン・コントロール」について書かれた古典である。日本人は、「シヴィリアン・コントロール」を「文民統制」と単純に直訳することにより、多大の誤解を招来してきた。

私は政治家に複雑極まる軍事専門的な知見を求める者ではない。しかし、政治家に「政治が軍事を制御支配する意志と能力」を堅持することを求める者である。その意味で「シヴィリアン・コントロール」というカタカナ言葉は、「文民統制」と直訳されるよりも、「政治による軍事の制御支配の意志と能力」と意訳されるべきであると信ずる。

このような観点も踏まえて、読者の諸氏諸兄におかれては、本書を活用いただき、孫武とクラウゼヴィッツが時を超えて言わんとしていたエッセンスを実感していただければと切に願う次第である。

訳者を代表して　杉之尾　宜生

まえがき

産業革命以降、科学技術の著しい進歩により戦争の様相は急激に変化してきた。この結果として、一九世紀半ば以降に発生した大規模な武力戦においては、ひとつとして同じ兵器体系や戦争ドクトリンで遂行されたものは存在しない。したがって科学技術的な側面から、それぞれの大規模な武力戦の様相に共通する類似性は一層少なくなりつつあり、第一次世界大戦、第二次世界大戦、ベトナム戦争、アラブ・イスラエル間の第三次中東戦争（一九六七年）、第四次中東戦争（一九七三年）、イラク戦争などにもこの傾向がある。近現代における戦争は、兵器の技術的な特性に大きく支配されることになったが、人間の本性、戦争がもつ政治性、リーダーシップの質、国家・国民動員の程度、同盟や外交などの要素は、過去と現代とでほとんど変化していない。こうしたことから、産業革命が武力戦の物的側面を大規模に変化させたにもかかわらず、現代の戦略家たちは産業革命以前に生まれた軍事古典から多くの教訓や示唆を学習している。

戦争を論じた数多（あまた）の古典のなかでも、孫武によって著された『孫子』とクラウゼヴィッツによって著された『戦争論』は、時間的・空間的な大きな隔たりがあるにもかかわらず、今日においてもなお傑出した、貴重な価値を含む軍事古典であるといえる。一九五〇年代に主として書かれ革新的でもあった核戦略に関する文献などは例外として、孫武やクラウゼヴィッツによって書かれた二大古典の価値が実質的に変容してしまうような、あるいはそれに大幅な加筆修正を余儀なくするような戦争学の新たな体系的パラダイムや枠組みによる変更は、今日に至るも必要とされていない。実際問題として、現代戦争の大規模な複雑性は、その根源的な様相を不明瞭にしてしまい、現代の戦略専門家は、今日の戦争の本質を比較的単純な枠組みで捉えることを困難にしている。常に変化を続ける技術的、官僚組織的、経済的要素や、加えて空、海、宇宙における武力戦という新たな様相や、インテリジェンス・情報の比重が飛躍的に増大しても、孫武とクラウゼヴィッツがもたらす知恵は、人間的要素が戦争に勝利するために必要不可欠な本質的なものとみなし続けているのである。この人類の将来に大きな影響を及ぼす戦争・武力戦を論じた不朽の軍事古典が、産業革命よりも以前の時代に書かれたということは何やら皮肉めいている。

イラク戦争において多くの軍事専門家は、現代の科学技術の果たした役割を過度に主張した。たとえば、定められたターゲットに正確に向かっていくミサイル、リアルタイム・コミュニケーションを可能とする技術、電子戦の技術などは、この戦争において大きな軍事的成功をおさめるためには確かに重要なものであったが、孫武やクラウゼヴィッツが本書で論じている要素のほうがより重要な役割を果たしていたといえるであろう。これらは、サダム・フセインの道義面での孤立感、ブッシュ大統領の政治的リーダーシップ、長期化する危機と戦争期間中を通じて効果的に構築された同盟とその維持、イラク軍の心理的敗北、イラク国民の戦争遂行に対する意識の低さなどがあげられる。孫武やクラウゼヴィッツを慎重に読み込んでいくことで、戦争を説明するこれらの要素だけでなく他の要素を含めて格段に理解されるであろう。例えば、アメリカ軍の軍事技術と北ベトナム軍のそれとでは、アメリカ軍とイラク軍以上に大きなギャップが存在した。にもかかわらず、北ベトナムがより優位を保つことができた政治的リーダーシップや戦略、さらには国として戦うことへのコミットなどが戦争に耐えることを可能とし、その終末段階においては北ベトナムが戦争目的を達成することになった。これとは対照的に、サダム・フセインは北ベトナムより比較的優れた現代兵器を保有していたにもかかわらず、アメリカが優位にある政治的・軍事的戦略の前にはなんら効果的に活用されることはなかった。

実際、未来の歴史家は、ベトナム戦争以後、孫武とクラウゼヴィッツの文献で質的に強化されたアメリカ軍の軍事的関心とイラクに対する前例のない軍事的成功との間に、たとえ間接的であるにせよ密接な関係性を見出すことができる。戦略と科学技術を恃(たの)んだことによるアメリカ軍のベトナム戦争における失敗、その敗北から教訓を得ようと始まった調査研究は、かつてクラウゼヴィッツが実践したような軍事古典の理論的な研究に専念することになった。これが最終的には、戦争における政治、政策、戦略、作戦などの間における関係性の解明を行うことになった。

戦争がより複雑化するに伴い、その基本的な様相を探求することの意義は、昔日と変わらず今日においてもなお重要である。本書のなかで、マイケル・I・ハンデル教授は、孫武が著した『孫子』とクラウゼヴィッツが著した『戦争論』との詳細な比較研究を記述しており、これらは軍事関係を学ぶ者にとってもっとも優れた洞察を含んでいるものである。

読者諸兄が彼の結論に同意するかどうかは別として、この研究は今後の議論を刺激することは間違いない。そして、アメリカ陸軍戦略大学校（アーミー・ウォー・カレッジ）の学生たち、あるいは彼らのカウンターパートである民間の方々に対して戦略の基本への誘い（いざな）であり、将来のさらなる学びへの出発ともなると確信している。

アメリカ合衆国陸軍中将　ポール・G・サージャン

序文

孫武が著した『孫子』とクラウゼヴィッツが著した『戦争論』は、戦略と戦争を論じたもっとも重要な文献として世間に広く認知され、これらが展開している内容はそれぞれ根本的に合致するものではないという前提のもと長年それぞれ別個に研究されてきた。この事実だけをとってみても、戦略専門家にとっては両文献における矛盾点、類似点、補完関係の存在を知るためにも全編を通して比較研究したいという誘惑に駆られることであろう。しかしながら、一方で、戦略家たちがこうした比較研究に躊躇してしまう理由もまた容易に推察できる。中国史、中国文化、その言語に精通し、同時に一九世紀のヨーロッパ史にも通暁しているような学者はほとんど存在せず、そのような傑出した学者が仮にいたとしても、その人が戦略専門家であるということはほとんどあり得ないのである。

このような障害を前提に、本書は、歴史的、哲学的、文化的、言語的なアプローチを避け、主に両文献のテキスト分析に主眼を置いた。したがって個々のテキストは、クラウゼヴィッツと孫武が互いに対話を行うかのように創意工夫し、広範囲にわたって直接引用している。読者諸兄におかれては、読み進むにつれて、このアプローチ方法に何かしらの興味をもつだけではなく、予想もしていなかった結論へと到達されることであろう。結局のところ、この比較研究は、登山家が登山をすることと同じ理由で正当化されると思われる。つまりは、二つの巨頭がそこに存在する以上、比較研究することへの挑戦には抗（あらが）えないのである。

目次

凡例

（1）『孫子』の「読み下し文」と「和訳」は、杉之尾宜生編著『［現代語訳］孫子』日本経済新聞出版社、二〇一四年から引用し、該当頁数を付記した。

（2）前項のほか、『孫子』の注釈家の言なども引用されているが、これらは邦訳がないため訳者が翻訳し、*The Art of War* と表記し、原著の該当頁数を付記した。

（3）『戦争論』の「和訳」は、クラウゼヴィッツ著、日本クラウゼヴィッツ学会訳『戦争論レクラム版』芙蓉書房出版、二〇〇一年と、クラウゼヴィッツ著、清水多吉訳『戦争論（上・下）』中公文庫、二〇〇一年から適宜引用し、該当頁数を付記した。

（4）難解な文字には「ふりがな」を振るとともに、難解な文言には〔訳注〕を付した。

第1章

イントロダクション

『孫子』と『戦争論』はコインの裏表

戦略のみならず政治史や国際政治などの多岐にわたる分野において、人間行動の基本的な原理や内的連関には、一定の普遍性があるとみなされている。たとえば、国際関係論の分野では、すべての国家は〝死活的な国益〟を守る必要性をそれぞれが有しており、したがって潜在的な敵国に対して国家としての力量を互いに最大限に発揮して自らの国益の獲得や保全を追求するのが、国際政治の実態であるという見解が常識になっている。

外交政策や戦略の意思決定に携わる者は、その国力や意図、政策などを自国と他国とを併せて相対的に評価することを迫られ、加えて自分たちの政策を遂行するために、複雑きわまる政府内の官僚機構を効果的に機能させ、同時に国民世論を巧みに指導していくことに、習熟していなければならない。

こうした考え方と類似した仮説のひとつを、これから本書で展開する戦略に関する研究によって解明してみたい。

孫武が著した『孫子』（紀元前五世紀頃）とカール・フォン・クラウゼヴィッツが著した『戦争論』（一八三二年）は、時代的、地理的、文化的に相当の隔たりがある。

しかしながら、こうした相違点を強調し過ぎて、この二人の戦略家の戦略思想の実質的な内容の相違点を過度に誇張するべきではないと思う。

リデル・ハートもまたこうした見解を支持し、クラウゼヴィッツの『戦争論』は、『孫子』の結論と一見する限りは大きな違いはないと述べている。しかしながら、このリデル・ハートでさえも、「孫子は、より鮮明なビジョンや多くの示唆に富む知恵、普遍性を含んでおり……」とし、「孫子のリアリズムや中庸性などは、クラウゼヴィッツの論理上の理想や『絶対』という観念を主張する傾向と比較対照すれば……」などという議論を打ち立てる見当違いをしている。

さらにリデル・ハートは、この論理上の「極限」（クラウゼヴィッツのこの考え方に従い）を追求すれば、結局のところ手段とするものと目的との間に生ずる関係のすべてが雲散霧消することになる、と述べている。[1] 実際のところ、これは、クラウゼヴィッツが本旨として議論しているものとは真逆である。リデル・ハートは、クラウゼヴィッツよりも孫武を好むが故にこのような間違いをしたわけではない。クラウゼヴィッツは不明瞭さと過度の抽象性を含むものであるというリデル・ハート自身の見方、考え方が、『戦争論』の表面上の理解に反映されたことから生じた誤解というべきものである。

本書の目的とするところは、両者のアプローチは一瞥する限り異なるようにみえるが、実際のところ相違点として巷間で論じられているもののほとんどは、むしろ共通点が多いことを論証し、その基本的な戦略の論理もまた多くは類似していることを検証しようとするものである。一般的な事実として、論理や合理性などは東洋・西洋の間ではそれほどに違いがあるようなものではない。ジョン・K・フェアバンク教授は、「中国軍事史は他国の軍事史と比較対照の材料として俎上に載せるに十分なものであり、こうした比較研究を通じて、中国において主張されているところの独自性という中国学に対する謬見を質すことになるであろう」と指摘している[2]。『孫子』と『戦争論』の比較研究されるべき要素とは、それぞれの研究方法論や叙述スタイル、戦略上の政策、武力行使の要否可否の意思決定を行う政治的枠組み、そこにおける政治優先の視座、政治指導者と野戦軍指揮官との関係と責任分担の比較などである。また、「情報」「欺騙」「数的優勢」などの要素がもつ価値についての評価のあり方、攻撃と防御（攻勢と防勢）の関係、戦争における摩擦、偶然性、賭け、幸運、不確実性なども列挙される。また合理的に計算された戦争のあり方、その消耗と機動をめぐる議論などもある。本題に入る前に、何故、孫武とクラウゼヴィッツという二人の戦略家の相違が時に拡大解釈される傾向にあるのかについて述べてみたい。

- 多くの戦略研究者にとっては、クラウゼヴィッツよりも孫武のほうが読みやすいという現実がある。研究方法論や叙述スタイルなどを取り上げてみても、前者の著述は決して理解しやすいわけではない。したがって『戦争論』に真正面から挑んで読破を試みるケースは稀であり、これがしばしば誤解を生じさせる遠因ともなっている。無論、こうした傾向は、多くの比較研究内容の価値を減ずることに帰結してしまうことになる。

- 孫武とクラウゼヴィッツは、戦争を研究する過程において、それぞれ異なった枠組みや定義といったものを採用している。『孫子』が定義する、より広範な戦争に関する視座は、無意識のうちにリンゴとオレンジを比較するような視座を戦略研究者に提供しやすいとみなされている。

- 同じコインで裏と表を議論するように、『戦争論』と『孫子』には、異なる観点から、同様あるいは類似した問題にアプローチをしているケースが多く含まれている。これには、同じ一頭の象に対して、それぞれ違う角度から手さぐりし口頭でそれを表現しているような構図が存在している。互いに異なる点を誇張することを助長する一方で、実際は多くの共通する点があるという事実を知らずに終わってしまうようなものである。

第2章

叙述と研究のスタイルに惑わされるなかれ

英訳版にしても一〇〇ページ以下でおさまってしまう『孫子』は、箴言と機知に富んだ簡潔な文体で表現構成され、戦争・武力戦を遂行するうえでの知恵を凝縮したものとして位置づけられている。一方、英語版で六〇〇ページ以上にわたる大作の『戦争論』は難解さと曖昧さに包まれ、平易簡潔なモデルとして扱われることは無論なく、クラウゼヴィッツの分析上の理論的枠組みを把握するためには何度も読み返すことを余儀なくされてしまう。

たとえば、『戦争論』第1編第1章の「戦争とは何か」という部分をとっても、何回か読み直しても理解しにくい。しかしながら、この第1章こそが『戦争論』の大きな理論的枠組みと研究方法論を理解するうえで大変重要な鍵となっているのである。一方でこのような多大な集中力を要する努力を『孫子』は読者に対して求めることもなく、各章を独立して読むことも可能となっている。『戦争論』とは異なり、『孫子』は読者に対して、その思想の発展形態や論理的展開について段階を踏みシステマティックに説明をしてはいない。したがってこの観点からいえば、『孫子』とは、国王（最高政治指導者）や上位にある将軍・軍事的指導者向けの手ほどきとして書かれた虎の巻のようなものを志向しているともいえる(3)。一方のクラウゼヴィッツは、熟読玩味を必要とし、その思考過程や論理の展開をフォローできる理論的研究書としての価値がある一方で、孫武は、大部分において自分の結論を明確に提示してしまう。クラウゼヴィッツは、このことを次のように述べてその立ち位置をはっきりとさせている。

「……このような考察こそ、まさにあらゆる理論の本質的な部分であり、実際に理論の名に値する。このような理論は、対象の分析的な研究であり、正確な知識をもたらす。また、それが経験すなわちわれわれにとって戦史に適用されると、対象の完全な理解に達する。理論がこのような究極の目的に達成するほど、理論はますます知識の……(4)」

——『レクラム版』126ページ

『戦争論』の読者は、自分自身で問いかけて学んでいくというプロセスに多く直面するのに対して、『孫子』の読者は、基本的には孫武の結論を受け入れることが重要な要請となる〔訳注　マイケル・ハンデルのこのような見解に対比する見解として、幕末の孫子研究者であった吉田松陰は、「聖賢に阿(おもね)ることなく、懐疑精神をもって対話せよ」(『講孟余話』)と訓戒していることを付言しておきたい)。

クラウゼヴィッツの精緻をきわめた研究方法論を読み進めるにつれて、読み手はいつしか思考の迷宮に引きずり込まれ、誤解を重ねやすくなる。これは、一つにはクラウゼヴィッツの論述方式が、主として哲学や観念論を基礎としており、そこから派生して(現実に存在する)「一般論的な考え方」と(現実には存在しない)「理想上(観念上)の特別な考え方」を比較する弁証法的な要素が多分に入っていることにも起因している。

具体例をあげれば、クラウゼヴィッツは、抽象概念を用いて(訳注 現実には存在しない机上の)「全面(全体)戦争」や「絶対戦争」という一つの観念上の理想型を作り出している。これは、どちらか一方が勝利をおさめ、もう一方が敗戦に至るまでは、すべての軍事力とありとあらゆる資源が一切の障害や干渉がなく動員運用されて武力戦が継続されるものであるという考え方を提起するに至っている。この「全面戦争」という観念上の理想型を発展させるなかで(フランス革命やナポレオン戦争の経験を反映している）、クラウゼヴィッツ自身は、「全面戦争（絶対戦争）」は現実に存在することはあり得ないと指摘している。[5]

戦争・武力戦はしばしば干渉や妨害を受けるので、結局のところ全軍やあらゆる資源を動員することはかなわず、大戦果とはいえないもので最高潮を迎え、予期していないような結果で終わることが多いのが現実であるとし、戦争・武力戦とはつまるところ常にある程度の制限を受けるものであると論じている。

（現実に存在する）実際の武力戦・戦争が、（クラウゼヴィッツが）定義した抽象世界の戦争といかに異なるかを論ずる際、クラウゼヴィッツは、戦争に関する最も創造的かつ独創的な考え方を体系的に発展させている（例をあげれば、合理的かつ政治的利益や損失の計算の優位について、戦争目的の価値と投入される国力の見積もりについて、攻撃と防御の違いやそこから生じる誤算、摩擦や好機といった考え、戦場を支配する不確実性についてなど〈インフォメーションとインテリジェンスの不足などが起因となる〉）。

このニュートンを彷彿させるクラウゼヴィッツの研究スタイルは、他者が容易に追随することを許さない抽象的表現や難解さがあるだけではなく、しばしば一切の前触れもなく異なるレベルや違う観点に話の筋道を転じて論じている。読者は、これに気づかないままに読み進めてしまうことで間違った解釈をしてしまうことが多々ある（たとえば、前触れなく抽象世界と現実世界を頻繁に往き来して論じていることなど）。こうした構造をもつ方法論故に、リデル・ハートが「クラウゼヴィッツの議論するところはきわめて抽象的あり、堅物の兵士にとってはとても議論の本旨とするところに完全に理解することはかなわないし、今まさに歩んでいる方向からしばしば引き戻されることが多分にある」とするのは驚くには当たらない（リデル・ハートは、クラウゼヴィッツが用いている弁証法的な手法に対してややナイーブともいえる言及をしている）(6)。

したがって、このクラウゼヴィッツの著述スタイルは、強みであると同時に弱みともなっているのは事実である。こうした特徴をもつが故に、多くの軍事関係者が『戦争論』の理解を深めるために時間を費やすことを忌避し、彼ら自身が培ってきた見解を補うために、やや牽強付会的に使い古されたセンテンスの一部のみを『戦争論』から引用することですませてしまいがちである。したがって、皮肉なことに『戦争論』は、その本義ともいえる哲学的かつ教育的なテキストとして用いられるよりも、ただのマニュアルとして読まれることのほうが多く、ドイツの将軍ギュンター・ブルーメントリット〔訳注　一八九二―一九六七、ドイツ国防軍大将、ノルマンディー上陸作戦時のドイツ西部軍参謀長〕は、「『戦争論』を軍人に与えることは、子供にカミソリで遊んでよいという許可を与えているようなことにすぎない」と喝破している[7]。

無論、孫武がクラウゼヴィッツ同様のこうした洗練されたコンセプトを展開することができていないということではない。両者の方法論の違いは、孫武は、同様のコンセプトを暗示することで示唆・表現（もしくは直観という領域に到達していることを前提として）しているのに対して、クラウゼヴィッツはより洗練されたロジックを用いて構成を組み立て、その全体的な理論構成の枠組みの要所要所において深遠な議論をしているのである。

敷衍して考えれば、明確な説明が少なくさらにはより限定した表現方法であるかもしれないが、孫武においてもまた、クラウゼヴィッツが論じた観念上の理想型を論及していることは当を得ていると思われる。

「孫子曰く、凡そ用兵の法は、国を全うするを上と為し、国を破るは之に次ぐ」

——『孫子』58ページ〔謀攻篇第三〕

（和訳＝およそ、戦争における最善の方略は、武力を行使することなく謀略をもって、潜在的な脅威対象国をして自ら講和を提起させて、対象国を損傷することなく我が勢力圏に編入することである。武力を行使して対象国の戦力を撃滅し、勝利するのは次善の策でしかない）

「是の故に、百戦百勝は、善の善なる者に非ざるなり。戦わずして人の兵を屈するは、善の善なる者なり」

——『孫子』60ページ〔謀攻篇第三〕

（和訳＝実際、武力戦によって百戦して百勝するということは、戦争指導の理想的な在り方ではない。武力を行使することなく対象国を屈服させることが最善の方策である）

こうした『孫子』の文言は、最高政治指導者や軍事的指導者の理想型を称揚するものであって、それ以上の意味をもたないと考えてよい。

こうした考え方が理想的状態にすぎないということは、中国史を顧みることに加えて、『孫子』の大部分が、いかにして戦に勝つかを論じているという事実からも明らかである。無論、クラウゼヴィッツ自身もまた戦わずに流血なくして勝利をおさめることができれば良いということは理屈として同意するであろう。ただし、現実においてはそれが難しいことを認めたうえで、「代替策」として武力戦を論じているのである。

孫武もまた観念上の理想型を展開しており、それがあくまで理想的状態であり、現実的には必ずしもこのことに固執していない。これを信じることができない人々は、孫武の「戦わずして勝つ」という考え方を称揚してクラウゼヴィッツの考え方との不一致を指摘するであろう。しかしながら、両者は違う観点から同じ問題にアプローチしているにすぎないというのが事実である。換言すれば、一般的に孫武とクラウゼヴィッツとの相違点とされるものの大半は、実のところ事の強弱の度合いの違いであり、本質的な相違ではないと言って過言ではない。

孫武とクラウゼヴィッツは、基本的な方法論的仮定（見解）として次のことには互いに同意するであろう。戦争とは科学ではなく術（アート）であり、軍はそれぞれが採用可能な複数の行動方針を各種の状況においてもっており、多くの軍事的指導者の想像力と創造力、そして直観力から解決方法が導き出されてくるものである（唯一最善の行動方針があるとするものではない）。また両者ともに、戦争とは際限のない複雑性が常に付きまとうものであり、何かしらの法則や箴言をもって効用の最大化を試みたところで、戦争に関する積極的な理論を体系化することは不可能であり夢物語にすぎないということである（結局のところ、これらの理論効用の価値は、軍事的指導者の主観的判断に委ねられ屈服してしまうものである）。ただクラウゼヴィッツは、この問題についてより詳細で明示的な説明を『戦争論』の第2編「戦争の理論について」において試みて、次のような考察をしている。

「このようにして、戦争指導に必要な原則、規則あるいは体系を樹立しようとする努力が始まった。ここに、人々は、戦争指導が理論化の上で、包含している無数の困難な問題を的確には把握せずに、積極的な目的をたてた。われわれが指摘したように、戦争指導は殆どあらゆる方面に関係し、しかも限りなく広がっている。ところが、体系や学説は、総合化という局限する性質を持っているので、このような理論と実際との間には、とうてい除くことのできない矛盾が存在する」

——『レクラム版』114ページ

「これらの戦争理論を巡る試みのすべては、その分析的な部分については、真理の領域に向かう前進と見なすことができるが、総合的な部分、すなわち規則や原則については、まったく使い物にならない。……

これらの理論は、特定の量を求めようと努力しているが、戦争においてはすべてが不定であり、計算は、変数だけをもってなされねばならない。あらゆる軍事行動は、知的な力とその作用によって貫かれているのに対して、これらの理論では、物質的な量だけに考察が向けられている。戦争は彼我両者の相互作用であるにもかかわらず、これらの理論は、一面的な活動だけを考察している。このような、一面的な考察しかできない貧弱な知識によって理解できないものすべては、学問的なものの領域外にあり、規則を越えた天才の領域にあると考えられた」

――『レクラム版』117ページ

「……相互作用がその性質上、おおよそ計画的であることを阻害する傾向を持っていることである……」

――『レクラム版』123ページ

「あらゆる理論は、多様な現象を類別することによらねばならないので、本来個々の特殊性を個別に取り上げることは決してない。このような場合は、いつでも指揮官の判断と才能に委ねられる。一般的な状況に基づいて立てられた計画が、予期せぬ個々の現象によってしばしば混乱させられる軍事的行動においては、一般により多く指揮官の才能に委ねざるを得ないことは当然であり、それゆえに、軍事行動においては、その他の行動におけるよりも理論的な教示が使用されることが少ない」

――『レクラム版』125ページ

「このような知識は、すべて学問的な公式や体系によって習得できるものではなく、ものごとの考察や実生活において的確な判断を行い、またそうしようとする才能を働かせることによってのみ習得することができる。したがって、軍事行動に必要な上級指揮官の知識は、考察すなわち研究や思索を通じて、個人の独特な才能によってのみ獲得され得る」

――『レクラム版』135ページ

「兵術においては一切の哲学的真理よりも経験の方が大きな価値をもつからである」

――『戦争論（上）』222ページ、中公文庫

孫武もまたこの問題についてはクラウゼヴィッツとほぼ同じような結論に達してはいるが、直接に議論をすることなく、これについての深い論証は試みていない。ただ、孫武は、戦争に付きまとう複雑性が、万古不易と考えられる戦略の公理や公式から導き出される戦争様相の予測をどうしても阻害するものであると明言している。

「戦においては、百の変化がそれぞれの段階で起こり得るものである」

――*The Art of War*　83ページ

「故に、兵には常勢無く、水には常形無し」

――『孫子』128ページ〔虚実篇第六〕

（和訳＝したがって水の流れに一定の型というものがないように、武力戦のやり方にも、一定の型、というものはない）

また孫武は、さらに秀逸なメタファー（隠喩）を引き合いに出して次のような説明をしている。

「声は五に過ぎざるも、五声の変は、勝げて聴くべからざるなり」

――『孫子』97ページ〔勢篇第五〕

（和訳＝音楽の調べは、わずかに五音を基本とするに過ぎないが、その組み合わせは無

数であり、すべてを聞くことは不可能である）

「色は五に過ぎざるも、五色の変は、勝(あ)げて観るべからざるなり」

――『孫子』98ページ〔勢篇第五〕

（和訳＝色の原色は、五色に過ぎないが、その組み合わせは数えきれないほどであり、すべてを目にすることは不可能である）

「味は五に過ぎざるも、五味の変は、勝(あ)げて嘗(な)むべからざるなり」

――『孫子』98ページ〔勢篇第五〕

（和訳＝味は五種類あるに過ぎないが、その組み合わせは多様きわまりなく、すべてを味わいつくすことは不可能である）

「戦勢は奇正に過ぎざるも、奇正の変は、勝(あ)げて窮むべからざるなり」

――『孫子』99ページ〔勢篇第五〕

（和訳＝戦いの類型は、正と奇の二つの力と方法が存在するに過ぎないが、その組み合わせによる変化は無限であり、常人の脳裡をもってしては、そのすべてを把握することは不可能である）

「奇正の相生ずるは、循環の端無きが如し。孰(たれ)か能く之を窮めんや」

——『孫子』99ページ〔勢篇第五〕

（和訳＝なぜならば、この奇法と正法という二つの用兵〈力〉の相互作用というものは、戦況の変化に応じて無限に変化するものであって、それはあたかも、つないだ丸い環のように果てのないものである。環のどこが始まりであり、また、どこが終わりであるかは、誰にもわからない）

孫武はクラウゼヴィッツと同様、彼我（敵味方）の衝突が原因として生み出される戦争の複雑性と予測不可能性についても言及している。

「己を恃みとする物事は掌握可能であるが、敵に関する物事に確実なものはない」

——The Art of War　85ページ

「故に曰く、勝は知るべし。而して為すべからず（若しくは、勝は知るべくして為すべからず）と」

——『孫子』81ページ〔軍形篇第四〕

（和訳＝したがって、勝利の理論・方法を知ることと、勝利を実現する能力とは、必ずしも一致するものではない）

つまり、戦争において継続的かつ予測可能な物事はないということである。

「故に、五行に常勝無く、四時に常位無し。日に短長有り、月に死生あり」

——『孫子』129ページ〔虚実篇第六〕

（和訳＝したがって、「木は土に勝つが、金に負け、火は金に勝つが水に負け、土は水に勝つが木に負け、金は木に勝つが火に負け、水は火に勝つが土に負ける」という「五行」のように、常勝というものはこの世の中には存在しない。「四時」は春・夏・秋・冬と、常に移り変わり変化する。夏の日は長く、冬の日は短く、長短常に変化する。月は、日々満ち欠け変化する）

換言すれば、戦争の原理や法則、その成功の鍵となり得るものは、戦争理論を学ぶことで理解することが可能であるが、それを何時いかなるタイミングで活用できるかを手解きする青写真は存在しないのである。

孫武はクラウゼヴィッツと同様の結論に達して、最後には次のように喝破している。

「此れ兵家の勝にして、先ず伝うべからざるなり」　　――『孫子』33ページ（始計篇第一）

（和訳＝以上は、軍事的指導者にとって勝利獲得のための要訣である。これらのことは、いずれも、戦争開始前にあらかじめ準備することのできないものである）

孫武とクラウゼヴィッツは、戦争における成功はクラウゼヴィッツが定義するところの「軍事的天才」「クードゥイユ」(精神的瞥見)という能力に依存し、こうした能力は経験を通じて涵養されるものでありながら、同時に先天的なセンスの有無によって多分に左右され得るものであることについて意見を同じくするであろう。

またこの二人の戦略家はともに、心血を注いだ作品が、軍事的指導者や指揮官に対してどうしても限られた価値しか提供できていないことも認めることであろう。それは、多くの知恵と賢慮を含む傑作でありながらも、結局のところそれらをいつどのように具現実行するべきであるかを提言しきれていないからである。戦争の法則や理論に通暁することだけで勝利をつかめるわけではなく、結局、これを実行する軍事的指導者と指揮官の直観力に大きく依存するものだという構図が浮かびあがることになる。

第3章

戦争の定義に関する誤解

分析レベルの問題

孫武とクラウゼヴィッツの比較において、もっとも読者を混乱させる要因として、両者が同じ分析手法や戦争定義を用いていないことを認識せずに読み進めてしまうことがあげられる。孫武は、武力戦勃発に先んずる段階においても相当の関心を払っている。外交戦略をその国家目的達成を可能にする武力戦の代替方法であるとし、外交は、流血と戦闘を伴わずに勝利をおさめることのできるもっとも理想的な方策であるとしている。

潜在的な敵の侵攻企図を挫折させる方途として孫武は、詳細かつ明示的に説明してはいないが、まず第一に外交的・政治的取引、交渉、欺瞞などに尽力することを推奨している。その次善の策としては、敵の同盟を離間させることをあげ、これが達成可能となれば敵が同盟から期待できる外的支援を断つことが可能となり、あるいは敵に武力行使を目論む当初の企図の放棄を余儀なくさせ、少なくともより孤立感を深めさせることになるとしている。

「敵国同士が同盟することを見逃すな」

——The Art of War　78ページ

「敵国の同盟状況を具に調べ掌握し、その紐帯を断ち切り離間させてしまう。敵国が同盟を有していれば事は重大であり、敵国の立場はその分強化されることになる。敵国が同盟を有していなければ、事はその分だけ易くなり、敵国の立場は弱体化する」

――The Art of War　78ページ

孫武が戦争について論じているその枠組みは、クラウゼヴィッツよりも広範囲にわたる。クラウゼヴィッツは武力戦を遂行する術に重点を置いて研究を進める一方、武力戦の開始から終結までのプロセスの間、外交がどのように機能するかについてはほとんど言及していない。

これは、クラウゼヴィッツの論考のスタート・ラインが、既に外交交渉が失敗していることを前提にしているからである。したがって、クラウゼヴィッツが『戦争論』において外交には言及していないことを指摘して、彼が外交の価値や意義を過小評価していたと単純に判断を下すことは妥当ではない。むしろ、クラウゼヴィッツ自身は、外交が戦争に対して一貫して重要な役割と機能を果たすことを端的に言明しているのである。

「これによって主張せんとしたことは、この政治的関係は戦争そのものによって中断したり、まったく別のものになったりしないということ、むしろ、その用いる手段こそ違え、政治的関係は本質的に不変であるということ……そもそも、外交的文書が途絶えたからといって、その都度、諸国民諸政府の政治的関係も途絶えてしまうものであろうか」

――『戦争論（下）』522ページ、中公文庫

巷間に流布されている評価とは反対にクラウゼヴィッツは、武力戦とは目的達成のために存在する他の手段が失敗に終わった場合の選択肢のひとつにすぎないということを、他の軍事的指導者以上に認識していた。これについて次のように明言している。

「戦争は、流血をもって解決しなければならないほどの重大な利害関係の衝突であ

り、戦争がその他の利害の衝突と異なるのはまさにここにある」

――『レクラム版』139ページ

孫武が、もっとも高度な戦略レベルに視座を置いて論じているのに対し、クラウゼヴィッツはより下位の戦略レベル、作戦レベルに重点を置いて議論を展開している。よく読者をミスリードするポイントとして、政治の優位性（大戦略レベルの優位性）について、『戦争論』ではわずかしか論じていないという事実があげられる（『戦争論』全8編のなかで2編でのみ言及）。

孫武とは異なり、クラウゼヴィッツが戦争の原因ともなる外交的・経済的環境についてあまり論じていないのは、彼が説くところの軍事的指導者にとっては、外交的・経済的環境条件は与件で受け身の性質のものであり、軍事的指導者たちが選択の余地なき戦場において勝利に向けての必死の努力を傾注すべき部分に重点を置いて論考を展開しているのである。端的にいえば、これらの観点から『孫子』の広範な論考と、クラウゼヴィッツの武力戦遂行の詳細な論考とを、同じ土台で比較して論ずることには無理があるのである。

「クラウゼヴィッツは戦争における経済面やロジスティクス〈兵站〉を無視している」と批判されることがある。経済面やロジスティクスは戦争と密接な関係にあることを鑑みれば妥当な批判とすることもできる。しかしながら、再度指摘しなくてはならないのは、クラウゼヴィッツは戦場においていかに武力戦を遂行するかという視座に論考の重点を置いており、加えて、当然必要とされる経済面やロジスティクスに関する支援は、軍事的指導者に適切に提供され得るものであることを前提にしているからであるといえる(8)。

「戦争指導には、火薬や火砲をつくるために石炭、硫黄と硝石、銅と鉛が与えられるのではなく、威力をもった兵器の完成品が与えられるからである。戦略は、最善の戦争成果を得るために、どのように国土が整備され、国民が教育され、統治されねばならないかを考察するものではなく、これらがヨーロッパの国家社会においてどのような状態にあるかを考察し、多様な状況が戦争に著しい影響を及ぼす事実だけに注意を払えばよい」

――『レクラム版』131ページ

「戦闘力の維持に関連するすべての活動は、常に闘争の準備と見なされるが、ただ行動ときわめて密接な関係にあるので、軍事行動と織り混ざり、また戦闘力の使用と交互に現れる。したがって、他の準備的な活動と同様に、戦闘力の維持については、狭義の戦争術、すなわち本来の戦争指導から除外するのはもっともなことである」

――『レクラム版』109ページ

（ロジスティクス〈兵站〉と経済面に関する戦争に向けた準備を論ずるクラウゼヴィッツの見解は、『戦争論』第5編第14章「整備と補給」を参照）

クラウゼヴィッツ自身は政治の優位性について明確に認識しているにもかかわらず、彼が研究する戦争の様相は、すでに敵味方の双方に敵意が浸透して高まっている状態を前提にして論考を進めている。クラウゼヴィッツは、実際の戦闘段階や作戦段階（戦争段階）における武力戦の遂行と、この武力戦の準備段階とは区別して捉えることが可能であり、むしろ望ましいと論じている。

「さて、われわれの考察の結果をもう一度明確にしておくと、戦争に属する活動は二つに大きく区分される。すなわち、もっぱら戦争の準備をするものと戦争自体である。この区分は、理論にも適合しなければならない。準備に必要な知識と技能は、すべての戦闘力の創造、訓練及び維持に関係している。準備に必要な知識と技能にどんな一般的な名称を与えようとわれわれの関知することではないが、通常砲術、築城術、いわゆる基本戦術、戦闘力の編成と管理やこれに類するすべてのことがこれに属する。一方、戦争の理論自体は、これらの訓練された手段を戦争の目的達成のために使用することに関係している。戦争の理論は、準備に必要な知識と技能から生じた結果、すなわち準備に必要な知識と技能によって生み出された手段のそれぞれの特性に関する知識だけを必要としている。われわれは、これを狭義の戦争術、あるいは戦争指導の理論、あるいは戦闘力使用の理論と呼び、これらはすべて同じことを言い表している。したがって、戦争の理論は、本来の闘争として戦闘を論じるとともに、多かれ少なかれ闘争と同様の状態にあるものとして、行進、野営及び舎営を論ずる。しかし、戦争の理論は、部隊の補給を戦争の理論に属する活動と同様にはせず、他の与えられた条件と同様にその結果だけを考慮にいれる」

――『レクラム版』110ページ

「この狭義の兵学はまた再び戦術と戦略とに区分される。前者は個々の戦闘の形態を論じ、後者はそれらの行使を論ずる」

――後半のみ『戦争論（上）』156ページ、中公文庫

クラウゼヴィッツが「戦略」として定義しているものは、今日でいうところの戦争の下位作戦レベルに応ずるものであることを考慮にいれるべきである。

その一方で、孫武は、戦争のための政治的、外交的、ロジスティクス的な準備を戦闘と一体に捉え、同じ活動のなかに元々包含されているパーツのようにみなしている。その結果、戦闘自体と武力戦が起き得る環境の二つに対して同じように関心を払い考察を深める構造になっている。

一方クラウゼヴィッツは、より制限した形式で戦争の定義を行っている。これがある意味においては、彼を信奉する読者に対して、「戦争（武力戦）があくまでも他の手段をもってなされる政治の延長にすぎない」ということを忘却させてしまう作用を含んでいる。議論を少し整理して明確にすると、クラウゼヴィッツは政治的かつ政策的準備などについて論ずることをなおざりにして、過度に作戦・戦闘に集中して論議を展開する傾向がある。これを敷衍すれば、戦争におけるロジスティクスや経済面はそれ自体が自律的に対応することを想定しており、クラウゼヴィッツが考える戦略の対象とは考えていない。これが示唆するところは（クラウゼヴィッツを研究する人たちの一部の解釈に従えば）、経済面から要求される必要な物事は、戦場における勝利と成功によって担保保全されることが可能だということである。

しかしながら、この考え方は第一次、第二次の両世界大戦を経験したドイツにとって、実際としては危険度の高いものであることを理解することになった。このような狭隘（きょうあい）な定義は、今日のような科学技術が進歩し、燃料、食料、武器、弾薬の供給が、兵士それぞれの戦技と同じくらい重要になっている時代においては、より危険度が増しているのである。このような観点からいえば、孫武の論じ方、見立てのほうが、より戦略と戦争を包括的に分析し論じている。この意味では、クラウゼヴィッツよりも適切とも思われる。

第4章

政治のリーダーシップと軍事的指導者・指揮官の微妙な関係

『孫子』がその冒頭で、

「孫子曰く、兵は国の大事なり。死生の地、存亡の道、察せざるべからざるなり」

――『孫子』20ページ〔始計篇第一〕

（和訳＝戦争特に武力戦とは、国家にとって回避することのできない重要な課題である。戦争特に武力戦は、国民にとっては生死が決せられるところであり、国家にとっては存続するか滅亡するかの岐（わか）れ道である。我々は、戦争特に武力戦を徹底的に研究する必要がある）

と言及しているように、戦争は決して儀式的で無目的なものではなく、個人の気まぐれな望みで行われるようなものでもない。あくまでも国家の国益保全にかなうものでなければならない(9)。

「利に非ざれば動かず、得るに非ざれば用いず、危うきに非ざれば戦わず」

——『孫子』264ページ(火攻篇第十二)

(和訳=国家目的の達成に寄与しない武力行使は、行ってはならない。目的実現の可能性のない武力行使は行ってはならない。他に対応の手段方法がない危急存亡の時でなければ、武力行使を行ってはならない)

「主は怒りを以て師を興すべからず。将は慍(いきどお)りを以て戦いを致すべからず。利に合して動き、利に合せずして止まる。怒りは以て復(ま)た喜ぶべく、慍りは以て復た悦ぶべきも、亡国は以て復た存すべからず。死者は以て復た生くべからず」

——『孫子』265ページ(火攻篇第十二)

(和訳=政治指導者は一時の激情に駆られて武力戦を起こしてはならない。軍事的指導者は怨念の情に駆られて武力を行使してはならない。戦争目的の達成に寄与する武力行使は許容され、寄与しない武力行使は行われないのである。なぜなら、怒りのあとで平静に復することも、不満の心〈怨念〉を充ち足りた心にもどすことも可能であるが、一度亡んだ国が再興することや、死者が生き返えらせることは不可能だからである)

「故に明君は之を慎み、良将は之を警む。此れ、国を安んじ軍を全うするの道なり」
――『孫子』265ページ（火攻篇第十二）

（和訳＝したがって賢明な政治指導者は慎重であり、賢良なる軍事的指導者は軽挙妄動しないのである。このような指導者が存在すれば、国家は安泰であり、最後の砦である国軍の健全性は確保されるであろう）

孫武が明確に指摘し、他のあらゆることよりも上位に考慮されるべきものとして、レーゾンデートル（存在理由）優位がある。戦争はあくまでも国家にとって欠かすことのできない国益を確保するためのものであり、かつ目的と手段の関係が明確になっている最終的手段であって合理的な行動として位置づけられている。今日の世界において考えれば、戦争が政治のひとつであると理解されているのと同質のものであると思われる。したがって武力戦の是非と開戦の決断は、軍事的指導者によってではなく政治指導者によって行われなければならない。

「故に曰く、明主は之を慮り、良将は之を修む、と」

――『孫子』264ページ（火攻篇第十二）

（和訳＝したがって平時から「費留」に留意して、賢明な政治指導者は、大戦略的な視点から「戦争指導計画」を、賢良な軍事的指導者は軍事戦略的な視点から「武力戦指導計画」を両者統合し、一体的有機的に策定しておかなければならない）

〔訳注　「費留」とは、火攻篇第十二にある「戦えば勝ち攻むれば取るも、其の功を修めざる者は凶なり。命けて費留という」で、和訳は、「敵野戦軍を撃破し、狙った地域目標を占領したとしても、その軍事的成果を、戦争目的の達成のために有効に昇華させることができないとすれば、それは費留すなわち骨折り損のくたびれ儲けである」〕

「孫子曰く、凡そ用兵の法、将、命を君に受け、軍を合わせ衆を聚め、和を交えて舎するに、軍争より難きは莫し」

――『孫子』134ページ（軍争篇第七）

（和訳＝通常、武力を行使する場合、将軍はまず君主の命令を受けて、国民を動員し、兵を招集する。次いで招集した兵士を均整のとれた部隊に編成し、これを確実に掌握する。戦場における作戦・戦闘指導ほど難しい事業はない）

理想的な軍事的指導者とは、自分自身の個人的利益などは棚上げし、全身全霊をもって彼の上司つまりは政治指導者とその政治目的達成のために尽くすものである。

「故に、進みて名を求めず、退きて罪を避けず、唯民を是れ保ちて、利を主に合わせるものは、国の宝なり」

――『孫子』209ページ〔地形篇第十〕

（和訳＝したがって攻撃や追撃など積極的な方策の提言にあたっては個人的栄誉を求めず、作戦中止や撤退など消極的と思われる方策の提言による解任や処罰の回避を、露ほども念頭におくことなく、ただただ国民の保護と君主の最高利益のために奉仕することを信念にする将軍は、国の宝である）

クラウゼヴィッツが戦争における政治の優位性を主張し、あくまでも政治目的にかなう限りにおいて武力戦を合理的な道具として、その存在理由を認めたことは周知の事実である。次の言葉はあまり格言箴言としては世に引用されることはないが、クラウゼヴィッツの秀逸さを表している。

「共同体の戦争、すなわち全国民の、特に文明国民の戦争は、常に政治的事情から発生し、政治的動機によってのみ引き起こされる。したがって、戦争は、一つの政治的行為である。……政治は、軍事行動の全般を律し、軍事行動における爆発的な力の性質を許す限り、軍事行動に間断なく影響を及ぼすであろう。……したがって、これまで見たように、戦争は、政治的行為であるばかりではなく、本来政策のための手段であり、政治的交渉の継続であり、他の手段をもってする政治的交渉の遂行である。……政治的意図が目的であり、戦争はその手段にすぎないからである。そして、目的なしに手段を考えることは決してできない」

——『レクラム版』43～44ページ

「政治は、戦争がそのなかで育まれる母体である。人間の特性が胎児のうちに潜在しているように、戦争の形態も政治のうちに既に示唆されている」

——『レクラム版』139ページ

「戦争は政治的交渉の一部にすぎず、したがって独立した存在ではないという概念である。もちろん、戦争は政府や国民の間の政治的交渉によってのみ引き起こされることはよく知られている。しかし、普通には、戦争によって政治的交渉は中断され、それとはまったく違った状態が出現し、この状態はそれ自身の法則に従うと考えられる」

——『レクラム版』338ページ

「したがって、戦争は、政治的交渉から決して切り離すことはできない。もしも、われわれの考察においてこのような分離が起これば、諸関係を結びつけている糸は断ち切られ、そこには意味も、目的もないものしか存在しない」

——『レクラム版』338ページ

「要するに、戦争術は、その最高の立場では政治となる。しかし、この政治においては、外交上の文書の代わりに、戦闘が用いられる。したがって、軍事的な視点を政治的な視点に従属させる以外にあり得ない」（順前後）

——『レクラム版』342ページ

これら一連の引用が示しているように、孫武はクラウゼヴィッツが生まれるより二〇〇〇年以上も大昔に、武力戦のもつ政治的特質（軍事・作戦における戦闘に対する政治の優位性）について論及し、その概念のほとんどを網羅している。クラウゼヴィッツが後に名を博したこれらの概念について、クラウゼヴィッツは詳細に明示的に説明し、より洗練された箴言を導き出しているが、そのほとんどは既に『孫子』においても言及されている。

しかしながら、『戦争論』も『孫子』も理論的な枠組みとして政治の優位性を説く一方で、武力戦が有する性質の独特さゆえに、時にその優位性を担保することが困難になるということについては、ともに同意している。これは現代とは異なり、リアルタイムでコミュニケーションをとることが不可能であったという事情があり、したがって戦場における即断即決の必要性、戦機の看破、敗北回避などの現場での要請から、第一線指揮官が後方の政治による制御支配を忌避する場合について言及している（この第一線と後方のコミュニケーションや制御の問題という観点からいえば、孫武の時代とクラウゼヴィッツ・ナポレオンの時代の間と、クラウゼヴィッツ・ナポレオンの時代と現代の間では、前者のほうが時代間の隔たりがはるかに長いにもかかわらず、コミュニケーションや制御の質的環境については後者に比べより類似していたと思われる。この点は強調されるべきである）。

政治と同様に戦場における指揮統率の要訣は、勝機を掌握し敗北につながる要因を巧みに回避する臨機応変の術（アート）なのである（リアルタイム・コミュニケーションが整備されている現代においては、この即興芸術ともいうべき臨機応変の術が占める比重が、薄まってきているのは事実であろう）。

たとえば、ロンメルの決断やスターリングラードの戦いに対してなされたヒトラーの統帥干渉によるネガティブな側面は、典型的な例として知られている。さらに例をあげれば、ジミー・カーター大統領時代の失敗に終わった対イラン特殊作戦への大統領の直接介入なども同類と思われる。

孫武とクラウゼヴィッツは、第一線における軍事的指導者・指揮官がある特殊な環境においては、当然ながら政治的命令を超越して優位を保持することが許されると言及している。この点については、孫武のほうがクラウゼヴィッツよりも明確に強調している。

「宮殿に座位したままの君主から命令を待ち続けるのは悪しきことである」

——*The Art of War*　81ページ

「将、能にして、君、御せざる者は勝つ」

——『孫子』74ページ（謀攻篇第三）

（和訳＝有能で、しかも最高政治指導者の干渉から自由な将軍を擁する者は、勝利する）

「……軍を整え開戦を決めるは君主の専権であり、戦場での決断は将軍のものである」

——The Art of War　83ページ

「優れた将軍の裁量を徒に束縛しながら、一方で敵の撃破を命ずることは、猟犬を縛りつけたままにして、野兎を捕まえろと吠えるに等しい」

——The Art of War　84ページ

「君命も受けざる所あり」

——『孫子』159ページ〔九変篇第八〕

（和訳＝将帥には、主権者〈君主〉の命令といえども、〈戦術的な局面においては〉実行する必要がない場合がある）

「作戦を遂行する上で好機なのであれば、将軍は必ずしも君主の命令に束縛されるものではない」

——The Art of War　112ページ

「……将軍たるもの、状況の変化に対して適切な行動を行うものである」

——The Art of War　112〜113ページ

「君主が居る首府からの命に悪意が含まれていることを看破した場合、将軍は従うべき筋であっても、無視しても宜しい」

——The Art of War　113ページ

「故に、戦いの道必ず勝たば、主、戦うこと無かれと曰うも、必ず戦いて可なり。戦いの道勝たざれば、主、必ず戦えと曰うも、戦うこと無くして可なり」

——『孫子』208ページ（地形篇第十）

（和訳＝したがって、現場の第一線部隊指揮官は、戦況が勝利を容易にするのであれば、たとえ君主が攻撃を禁じていたとしても、これを無視して攻撃に出てもよい。反対に、戦況が勝利を容易にするものでない場合は、君主が断然攻撃を行えと命じた場合でも、攻撃をする必要はない）

クラウゼヴィッツはこの問題について孫武にくらべてやや関心が低いようにみえるが、彼自身は、作戦戦闘上の必要性から、状況によっては政治に対し優位に立たなくてはならないとしている。彼の有名なメタファーを換言すれば、文法（より下位の作戦戦闘上の考慮するべき事項）は、論理（政治的目的）を時に超えるものであるとしている。[10]

「政治的目的は、だからといって専制的な立法者ではなく、手段の性質によく適合しなければならない。また、戦争という手段の性質によって、政治的目的がしばしばまったく変質することもある。……戦争術は一般に、また将軍は、政治の方向と意図がこれらの手段と矛盾しないように、個々の場合にそれぞれ要求することができる。そして、この要求は確かにささいなことではない。しかし、この要求が個々にいかに強く政治的意図に反映されたとしても、これは常に政治的意図の単なる修正として考慮されるだけである」

——『レクラム版』44ページ

「もちろん、政治的な要素は、戦争における個々の活動にいたるまで影響を及ぼすことはない。警戒の配置や斥候の派遣が、政治的な考慮によって決定されるわけではない。しかし、戦争全体、戦役、あるいは多くの場合戦闘でさえも、その計画における政治的な考慮は、決定的な影響を及ぼす」

——『レクラム版』340ページ

「ただし、政治家が特定の戦争手段や方法に対して誤った、それらの本質に適合しない効果を要求する場合だけは、政治的な決定が戦争に有害な影響を及ぼすことがある。たとえば、外国語にまだ習熟していないものが、自分の考えを正しく伝えることができないように、政治家もしばしばみずからの意図に反することを指示することがある。このようなことは、これまで繰り返し起こった。したがって、政治的交渉を指導すべき政治家にとっては、軍事に対するある一定の理解が不可欠といえる」

——『レクラム版』344ページ

戦争における戦略、作戦、戦術の３つのレベル

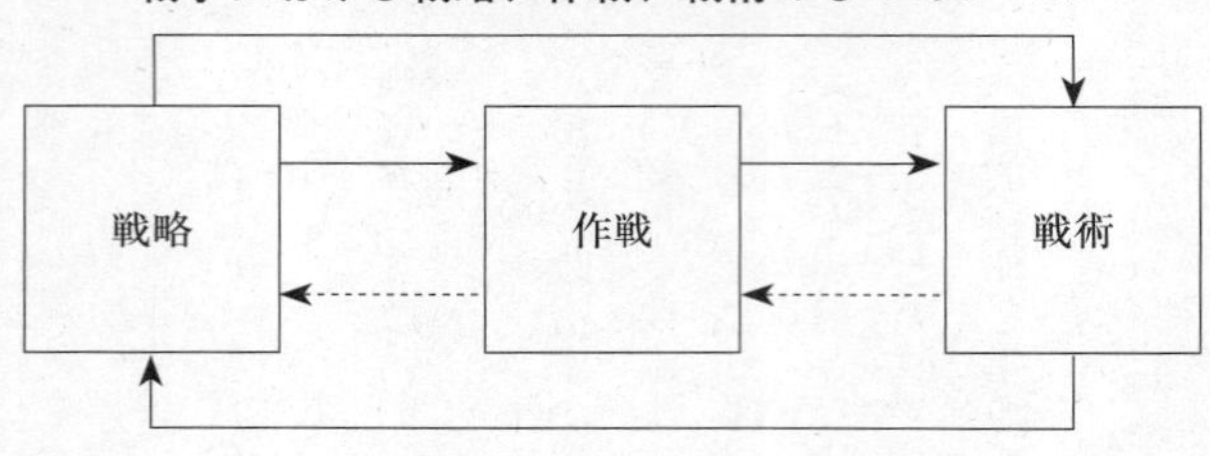

戦略の「作戦化」「戦術化」の問題構造

指揮官が政治からの直接命令への抗命を決断するのは、きわめて重大な局面といえる。しかしながら、これについての基準や尺度については孫武もクラウゼヴィッツもたいして論を展開していない。指揮官が考慮しなくてはいけない要素は、現場の状況や特質、予期され得る危険、指揮命令系統の保持確保の程度、コミュニケーション（通信連絡手段）の質、指揮官の直観力と経験の程度などである。一方、政治指導者（政治）が明確に区別しなければいけないのは、政治的範疇に帰する要素と軍事的範疇に帰する要素についてである。政治指導者（政治）が戒めるべきことは、純軍事的判断に帰することに容喙しようという衝動である。これは、サミュエル・ハンチントン教授の言を借りれば、objective control（客観的統制・政治による不干

渉）とsubjective control（主観的統制・政治による干渉）の違いということになる。[11]

指揮官の指揮活動において、政治的考慮（政治的要請）をいつでも受け入れることが可能であることは、孫武もクラウゼヴィッツも認識していなかった。現実には戦闘の渦中において、下位の技術、作戦、戦術レベルで考慮するべき要素といったもの自体の優先順位が高くなることが起こり得るのであり、さらにこれが、より上位の戦略目的や政治政策に影響を与えてしまうことがある。無論このような事態は望ましいものでないが、このような武力戦の実態が、戦争の政治的目的の修正を迫るような結果になることも多々あるのである。

戦争における戦略、作戦、戦術の三つのレベル間の関係性を、複雑性、相互影響、ノンヒエラルヒーという性質を考慮して示したものが前ページの図である。

第5章

戦争の合理的見積もりは可能か

目的と手段の相互関係

武力戦が政治的目的を達成するための手段のひとつであるとすれば、その達成には目的と手段の慎重かつ継続的な相互関係が求められる。孫武とクラウゼヴィッツは、このための政治的・軍事的な要素を取り込んだ計算や見積もりの必要性を主張している。孫武は、今日の定義でいえば純合理的意思決定モデル（pure rational decision making model）を用いて、この問題にアプローチしている。[12]

「兵法に、一に曰く度、二に曰く量、三に曰く数、四に曰く称、五に曰く勝」

——『孫子』88ページ〔軍形篇第四〕

（和訳＝中国に伝わる過去の兵法書には、戦争、特に武力戦の基本的要素は、第一に空間〈度〉の考察であり、第二に物的戦力〈量〉の見積もり、第三に兵力量〈数〉の計算、第四にこれら三要素の比較〈称〉、第五に勝利の可能性〈勝—大戦略的な勝算、軍事戦略的な勝算〉の見積もりである、と書かれている）

「地は度を生ず。度は量を生じ、量は数を生じ、数は称を生じ、称は勝を生ず」

――『孫子』89ページ（軍形篇第四）

（和訳＝戦場の戦略的・戦術的な特性により、軍隊の兵力配備の大綱〈度〉が決せられ、この配備部署により、戦闘部隊の量が決まり、この戦闘部隊により、兵力数が見積もられ、これにより彼我の相対戦闘力が比較考量・〈称〉され、この判断の適切により勝敗が明らかになる）

この高度でシステマティックな意思決定モデルをベースとして、目的、彼我の相対的戦力比較という要素を検証して「我の行動方針」が列挙され、勝利の可能性が見積もられる。

クラウゼヴィッツは次のように論じている。

「武力戦によって、また武力戦において何を達成するのかを知らずして、武力戦を開始するものはいないであろう。あるいは賢明である限り、この武力戦を開始するべきではない」

――『レクラム版』297ページ

「彼は、政治的な目的の達成に相応した適切な手段を適用し、武力戦において適切な目標を設定するという原則に従うようになる」

——『レクラム版』306ページ

クラウゼヴィッツは、武力戦における合理的計算による見積もりとは、常に進行しているプロセスであるとも明言している。

「講和を結ぶ要因として、既に損耗した戦力と今後損耗するであろう戦力に対する考慮がある。戦争は考えなしの激情の行為ではなくて、その中に政治的目的が存在するので、政治的目的が持っている価値が、この目的を達成するために払う犠牲の大きさを定めなければならない。これは、単に犠牲の量ばかりでなく、犠牲の期間にもあてはまる。戦力の損耗が政治的目的の価値と釣り合わないほどに大きくなると、この目的は放棄され、講和を結ばざるを得ない」

——『レクラム版』51ページ

孫武は、この合理的計算による見積もりが確実な結果を導き出すであろうということを、クラウゼヴィッツ以上に強く表現している。孫武が情報に対して抱いた価値観や、次に引用するまるで一種の神聖さすら帯びる儀式プロセス〔訳注　廟算（びょうさん）〕から導き出される結論に対しての信念がこうした表現につながっているのであろう。『孫子』においては、合理的計算による見積もりは、勝利と成功を保証するものであると喝破している（詳細については、第10章「インテリジェンス・情報は『孫子』の真骨頂」において別途述べたい）。

しかしながら、一方のクラウゼヴィッツは、合理的計算による見積もりが導く期待され得る武力戦の結果の効用については、孫武にくらべて悲観的で現実的な議論を展開している。

「したがって、戦争のためにどれほどの資源を投入すべきかを明らかにするために、われわれは、われわれ自身と敵の側にたって武力戦の政治的目的について考察しなければならない。また敵国と我が国の力と関係について考察しなければならない。敵国の政府と国民の性格並びにその能力を、また我が国のこれらのすべてを考察しなければならない。さらに、他の国々の関係と戦争がこれらの国々に及ぼす影響を考察しなければならない。これらの多様な、複雑に絡み合った対象を比較検討して正しい結論を見出すことは、まさに天才のみが可能な難事である。また、単に学問的な考察だけでこのような複雑な事象を解明することは、まったく不可能であると容易に理解できるであろう。このことを比喩して、ナポレオンがニュートンでさえもひるむような代数の難問であると述べたことはまったく正当である。複雑に絡み合った膨大な事象を、不確実な基準をもって考察することによって、正しい結論に到達することがますます困難になる」

――『レクラム版』306ページ

孫武、クラウゼヴィッツは、戦争とは目的と手段が周到かつ間断なく相互に関係することが求められる本質的には一種の合理的行動であるとみている。しかしまた同時に、非合理的要素、たとえば、士気や動機、直観力なども大きく作用するものであることもまた認識している。しかしながら、クラウゼヴィッツのほうが、合理的計算による見積もりに依存することの難しさをより強く意識しているようである。予期せぬ衝突や摩擦、偶然の左右する機会、不確かな情報、複雑性といったものから受ける摩擦が武力戦の様相に及ぼす割合を強調し、合理的計算による見積もりに基づく勝算の効用については、より限定的に評価している。この点についていえば、クラウゼヴィッツは、孫武以上に現実的であり洗練されているといってよいであろう。

第6章

戦争の逆説的な三位一体を理解する

戦争学のための政治的枠組みを要約するなかで、クラウゼヴィッツは、有名な逆説的三位一体という論を発展させている。国民（始原的な暴力の提供、国民動員と応召義務）、指揮官と軍隊（危機、機会、可能性の創造的マネジメント、作戦の立案と実行）、政府（合理的政策と戦争目的の策定、これらに見込まれるコストとベネフィット、費用対効果からの再検討）の三つを提起し、勝利はこれら三つの要素がそれぞれ自律的に機能するなかで適切な均衡点が確保されたときに可能であるとしている。

「まったく異なった法則に従うように見えるこの三つの傾向は、対象とする戦争の本質に深く根ざしており、また同時に異なった大きさを持っている。一つの傾向を考慮に入れなかったり、あるいは三つの傾向の間に勝手な関係を定めようとする理論は、たちまち現実との矛盾に陥り、まったく役に立たないように思われるに違いない。それゆえ、戦争の理論では、この三つの傾向の間にいかに均衡を保つかが課題となる」

——『レクラム版』47ページ

孫武もまた、このクラウゼヴィッツが提起した三つの要素の重要性を理解していたことは疑うまでもない。これまでにも既に論じたように、『孫子』においては、武力戦の開始、遂行、終結にからむ、あらゆる戦略レベルにおいて政治の優位性をみたが、クラウゼヴィッツに劣らず、孫武もまた先述した二番目の要素（指揮官と軍隊）を重要視しており、指揮官のプロフェッショナルな判断のもと、計画の立案、戦場での指揮統率と作戦の実行を行うことが専門性を要する軍人の役割として言及している。

付け加えるならば、戦争に勝利をおさめるためには、国民全般の支持を動員することが必要であることを孫武も認識していたといえる。

「道とは、民をして上と意を同じうせしむるなり。故に、以て之と死すべく、以て之と生くべく、而(しこう)して危うきを畏れざるなり」

——『孫子』22ページ〔始計篇第一〕

（和訳＝道とは、最高政治指導者と国民の精神的な関係の一体感である。指導者の国家経営の理念・経綸などの価値を、国民大衆がともに共有することである。国民大衆が恐れることもなく一身をなげうち、政治指導者と生死を共にするほどに心を一つにさ

せる政治の在り方である）

「君主は博愛、正義、公平をもって治政にあたり国民に接し、彼らの信を得ることができれば、その国の軍隊の絆は強化され、指揮官に喜んで服するようになる」

——*The Art of War* 64ページ

孫武は、戦争が長引けば国民の支持と信用を失うことにつながると特に意識を鋭くして指摘している。

「師に近き者は貴売す。貴売すれば、すなわち百姓の財竭く。財竭くれば、則ち丘役に急なり」

——『孫子』47ページ〔作戦篇第二〕

（和訳＝武力戦は自国並びに関係諸国の物価を高騰させる。物価が高騰すれば、国民の貯えは涸渇する。国家の財貨〈富〉が底をつくと、国民は苦心して得た貯えを絞られることとなる）

「力屈し財殫き、中原の内、家に虚し。百姓の費、十に其の七を去る」

――『孫子』48ページ〔作戦篇第二〕

（和訳＝このように国民の力と財貨が消耗すれば、戦場周辺の農民の生活は極度に衰弱し、その経済力の七割は水泡に帰することとなろう）

「戦争が中断されることもなく徒に続くのであれば、国民は結婚し家族を持つことも叶わないことで怨嗟が渦巻き、前線への兵站支援の輸送負担で塗炭の苦しみを味わうことになる」

――*The Art of War*　74ページ

孫武は、武力戦は短期間で終結させるに越したことはなく、さしたる戦果がないままにいたずらに長引けば、その分だけ国民の支持を取り付け維持することは難しくなると言っている。

『孫子』と『戦争論』は共に、先の三つの要素、国民、指揮官と軍隊、政府の間で適切なバランスを維持することの必要性を説いているが、孫武自身はこれについて詳細で深淵な論及をする代わりに著作全体にわたって主張をちりばめている。一方クラウゼヴィッツは、この問題をより集中的かつシステマティックかつ明示的に論究している。

第7章

「戦わずして勝つ」の理想と現実

流血なき勝利と決戦の追求

「是の故に、百戦百勝は、善の善なる者に非ざるなり。戦わずして人の兵を屈するは、善の善なる者なり」
　　　　　　　　　　　　　　　　　　　　　　――『孫子』60ページ（謀攻篇第三）

（和訳＝実際、武力戦によって百戦して百勝するということは、戦争指導の理想的な在り方ではない。武力を行使することなく対象国を屈服させることが最善の方策である）

「故に、善く兵を用うる者は、人の兵を屈するも、而も戦うに非ざるなり。人の城を抜くも、而も攻むるに非ざるなり。人の国を毀るも、而も久しきに非ざるなり」
　　　　　　　　　　　　　　　　　　　　　　――『孫子』64ページ（謀攻篇第三）

（和訳＝したがって、戦争の本質をよく知る者は、武力を行使することなく潜在的な脅威対象国を屈伏させる。敢えて武力を行使して敵の城塞都市を攻略しなければならない場合においても、武力戦を長期化させることなく敵国を屈伏させるのである）

「必ず全きを以て天下を争う。故に、兵、頓れず、而して、利を全うすべし。此れ謀攻の法なり」

——『孫子』65ページ（謀攻篇第三）

（和訳＝武力を行使することなく、潜在的な脅威対象国を完全に保全した状態でそっくりそのまま我が支配下に入れなければならない。こうすれば、我が国の軍隊は戦闘による損害を蒙ることなく、戦争目的を達成するのである。これこそが、伐謀伐交戦略の真髄である）

「とかく、人道主義の人々は、甚大な損傷を与えずに人為的に敵の武装を解除しうるし、あるいは敵を圧倒することができるとし、これが戦争術の本来の目的であると簡単に考えている。このような主張はいかにも良く見えるが、断じてこの誤りは粉砕されなければならない。なぜならば、戦争のようなきわめて危険な事態では、善良な心情から生じる誤りこそ最悪のものだからである」

——『レクラム版』23ページ

「また、すべて戦闘に関わることは、一つの最高の法則、すなわち武力による決定のもとにある。……しかし、われわれは、ここでも既に、危機の流血による解決と敵戦闘力の撃滅の努力は、戦争の正統な代表者であると主張することを怠ってはならない」

——『レクラム版』65ページ

『戦争論』と『孫子』を通じてこれまで論じられてきた論点の多くは、孫武とクラウゼヴィッツの戦争哲学のエッセンスを具現化しているものと一般には考えられている。両者は一見対立しているように見え、武力行使に関する論点もまた対立しているかのように捉えられることもある。しかし、実際は世間一般に考えられているほどには異なるものではないというのが筆者の見解である。さらにいえば、戦争を遂行するうえでもっとも合理的なあり方とは、可能な限り早く戦闘を終えることであり、同時に可能な限りの勝利の戦果の拡大を追求するべきであるという点においても両者の見解は一致する。また、いたずらに長引かせて決戦に至らないような戦争は避けるべきであるという点においても一致をみるのである。

『孫子』と『戦争論』は、軍事力を使用することが広く一般に浸透した時代に誕生した。これらが書かれたそれぞれの時代は、ほとんど儀式的様相すら帯び、武力の行使も制約が多かった戦争が、より規模が大きく凄惨な全面戦争へと道を譲りはじめた歴史の分岐点ともいうべき狭間にあった。古代中国においては、それまでお決まりの武力戦の様相を繰り返していた春秋時代（紀元前七二二～四八一年）から、際限のない武力戦と政治的騒擾（そうじょう）が続く戦国時代へ移行していった。ただ、この中国における移行のペースは、ヨーロッパの一八世紀から一九世紀にかけて起きた、それまでヨーロッパに受け入れられていた制限戦争から、フランス革命、ナポレオン戦争などの全面戦争の様相への移行にくらべるとより漸進的ではあったと思われる[13]。

孫武、クラウゼヴィッツ、この稀代の戦略家は、「オムレツを作るためにはまずは卵を割ることが必要である」との比喩にあるように、政治的目的を達成するためには、軍事力を用いることが当然であるという時代に生きていたのである。しかしクラウゼヴィッツと比較していえば、なぜ孫武は戦わずして勝利をおさめることを美徳として強く主張したのか、実際問題として、それがどの程度困難を伴うと認識していたのであろうか。

孫武の「武力行使は最後の手段である」という主張は、当時の中華の地に広まっていた儒教やそれに大きく影響を受けていた政治文化の裏返しともいえるであろう。フェアバンク教授の説によれば、孫武もまた初期の儒教の影響を受けており、社会的な風潮における精神性の優位という価値観を共有していたであろうとしている。この考え方（ある種のドクトリン）は、戦国時代を通じて世に出た諸子百家の思想と同様に、中国後代において出現する中国の王朝それぞれに引き継がれ浸透していくことになった[14]。肉体を使う戦いについての栄光を認めることなく、儒家の考え方としては、君子たるものは、自己の人格を形成するために古典教養に励み、ついには物理的な力によらずして目的を達成するものであるとする[15]。この考え方が、皇帝の人としてのあり方を定め、この考えに則ることが皇帝の理想型であると位置づけ、古典においてもその旨が散見される。

「世に乱がおき武力を要とすることは、すなわち皇帝が自身を陶冶し徳を高めるべきことを怠ったことを認めることとなる。武力行使をせざるを得ないことは、すなわち、安寧を求めることを失したことを意味する。したがって戦いに訴えることは最後の手段なのであり、後世の評価に耐え得るよう大義名分を持つことが必要なのである[16]」

このようなシステムにおいては、西洋において一般的なコンセプトであるレーゾンデートル（存在理由）に含まれる公私の倫理観を隔てるものがない。そこには国富を増進し国益を守ることを課せられたリーダーや国家の倫理観と個人の倫理観について明確な線引きが存在しないのである。

この公私の倫理観を隔てる考え方の欠如、加えて武力行使自体がすなわち皇帝の徳の低下と個人的な失態を意味するということを敷衍すると、皇帝が実際の武力戦を軍隊に任せてしまうという構図を理解できるかと思う。古代の中国においては、西洋でいうところのアレキサンダー、シーザー、ナポレオンに位置づけられる対象が史実に残されず、このような英雄に対する崇拝や憧憬といった文化はなかったのである[17]。

一方のクラウゼヴィッツは、フリードリヒ大王やナポレオンを軍事的天才のモデルとして捉え、そのうえで戦争遂行の最高レベルにおいて政治と軍事の方向性を調和させるべきであると論じている。

「戦争全体あるいは戦役と呼んでいる最大規模の軍事行動において輝かしい目標を達成するためには、高度の国家情勢についての優れた見識が必要である。戦争指導と政治は、ここにおいて一体化し、将軍が同時に政治家になるのである」

――『レクラム版』89ページ

武力行使以外の手段である外交、経済、イデオロギーなどを用いて目的を達成すべきであるとする孫武の姿勢は、武力行使が政体にとって本来は好ましいものではなく、同時に、軍隊は常に政治によって厳しく制御・支配されるべきであると明示している。「多種多様な状況やレベルに対応する軍事作戦とは、純粋培養の軍人の能力では賄いきれないものであった。故に、科挙という難関を経た儒教的官僚の職分としてこれらが組み込まれることになり、彼らの政治的な手練手管を運用することで軍の統帥に精通することになった。これが軍を本来の職域にのみ押し込めることに繋がったのである」[18]

「古代中国では、厳しく訓練を施された兵隊であっても、武力戦というものはなお複雑なものであった。武力戦の目的が単純に勝利することではなく、秩序の再構築に帰するものであったからであり、このために平和をいかにして維持するかという技術が求められたからである[19]」

しかしながら、これは、西洋にくらべて中国史において武力戦が少なかったということではなく、中国における戦争の論理が、西洋と大きく異なるということでもない[20]。中国では、実際のところ、理想と現実、理論と実際の間に大きなギャップが存在していたにすぎないのである。

『孫子』において、儒教の理想とする部分についてはどのように組み込まれ言及されているのであろうか。先述した、

「故に、善く兵を用うる者は、人の兵を屈するも、而も戦うに非ざるなり。人の城を抜くも、而も攻むるに非ざるなり。人の国を毀（やぶ）るも、而も久しきに非ざるなり」

――『孫子』64ページ〔謀攻篇第三〕

（和訳＝したがって、戦争の本質をよく知る者は、武力を行使することなく潜在的な脅威対象国を屈伏させる。敢えて武力を行使して敵の城塞都市を攻略しなければならない場合においても、武力戦を長期化させることなく敵国を屈伏させるのである）

などのエッセンスを孫武は繰り返し強調している。武力を用いることを忌避する傾向、また武力戦が開始されてもなお最少の犠牲とコストでもって行うことを良きこととする考え方にも、儒教の影響が明らかである。また儒教の理想とするところに、最少兵力で勝利するために非物質的要素である“force multiplier”（戦力乗数）を追求するという発想がある。これはすなわち、

「用いられる兵力は最少であるが、勝ち取る戦果は巨大である」

——*The Art of War* 95ページ

ということを意味する。一方、これとは対照的に、クラウゼヴィッツは次のように鋭く警鐘を鳴らしている。

「戦争においては、努力が不十分なことは単に成果が得られないばかりでなく、重大な損害の原因ともなり得るので、両方の側がお互いに相手を圧倒しようとし、ここに相互作用が生ずる」

――『レクラム版』305ページ

したがって、武力行使開始時点において兵力を最大限動員することが、後に逐次動員する兵力とコストの無駄を省くことができるのである。こうした考え方に依拠して、クラウゼヴィッツは戦略におけるもっとも高度かつ単純な法則とは、

「常に強大な戦力を保持することであり……まず一般的な優勢を獲得し、それが不可能な場合でも決定的な地点における優勢を獲得しなければならない」

――『レクラム版』209ページ

このクラウゼヴィッツの皮肉めいた機動の定義を換言するならば、一方の孫武の「戦

力乗数」とは、

「いわば無から、すなわち勢力均衡状態から敵の失策を誘い出すという効果が含まれている」

――『戦争論(下)』408ページ、中公文庫

ということであろう。この孫武がいう戦力乗数とは、情報の活用、奇襲を成功させるための欺瞞、さらには、間接アプローチともいえる敵の交戦意思を挫くための心理戦、たとえば敵を引き回すための機動の採用などに依存することを重要視している(これらはすべて、特に情報と欺瞞の効用について、クラウゼヴィッツは信頼度が低く非実際的と捉えていたが、『孫子』においては非常に重要な要素として取り扱われている)。

「権を懸けて動く。まず迂直(うちょく)の計を知る者は勝つ。此れ、軍争の法なり」

――『孫子』142ページ(軍争篇第七)

（和訳＝いずれの場合においても軍隊は、戦場の利害得失を比較考量して行動せよ。直接的戦法（正）と間接的戦法〈奇〉の本質を知り、これらを臨機応変に使い分け運用する者は勝利する。「迂直の計」こそが作戦・戦闘指導の要訣である）

「敵の防備の無きところへ進み、その隙を衝き、敵の防御しているところを回避し、敵が予測していないところから攻撃する」

——*The Art of War*　96ページ

「故に、其の途を迂にして、之を誘うに利を以てす。人に後れて発し、人に先んじて至る。此れ、迂直の計を知る者なり」

——『孫子』135ページ（軍争篇第七）

（和訳＝したがって迂回行動をとるには、我れが迂回すべき接近経路をくらまし、敵を他の接近経路方面に引きつけ、その進出を牽制・妨害せよ。こうすれば、敵に遅れて出発しても、先に到着することができるであろう。このような行動のとれる者は、直接的戦略と間接的戦略のいずれをも理解していなければならない）

「敵に対し有利な立ち位置を望む者は、迂回し、あえて遠回りを選ぶことをもって近道となるように計らう」

——*The Art of War*　102ページ

残念なことに孫武（リデル・ハートも含め）は、最高と思われる間接アプローチをどのように見極めて実践するかについては具体的な説明をしていない。間接アプローチはいったん敵に見透かされてしまうと、逆に直接アプローチの脅威に曝されてしまう。つまり、成功したものすべてが間接アプローチに分類されてしまうことになるのである。これは老練なビジネスマンが息子に対して次のようなアドバイスをするようなものである。「よいか息子よ、お前に成功の秘訣を教えてあげよう。安く仕入れて、高く売るのだ。そうすれば成功をおさめることができる」。しかし、このようなある種の自明の理が有する問題点は、抽象的すぎて実際の道具として使えないところにある。

したがって、結局のところクラウゼヴィッツが主張したのと同じように、孫武にとっても最高の間接アプローチは、軍事的指導者を軍事的天才に仕立てることに大きく依存しているのである。ではどのようにすれば戦争勃発前の平時の段階で、軍事的天才を確保できるのか。

ところで、このような自明の理は、確かに一度の素読でそのエッセンスを体得できるようなものではなく、かつ日々実践することは難しいにしても、それを心がける努力をすることが担保されれば、それなりに積極的な価値を有することになるだろう。[21]ただ、こうしたアドバイスを実行するためには、やはり生来の理解力や才能（将帥の天性）といったものが要求され、これはあらゆる良きアドバイスを陳腐なものにしてしまう。

『戦争論』とは対照的に『孫子』では、心理戦の効用を指摘し、これらが敵の交戦意思を挫く作用をもち、結果的に最低限の犠牲、コスト、もしくはそれらを全くかけずに、勝利を導くことも可能であるとしている。

「帰師は遏（とど）むる勿れ」
――『孫子』150ページ〔軍争篇第七〕
（和訳＝帰心矢の如き敵の後退行動への攻撃は、慎重に行え）

「囲師は必ず闕く」

――『孫子』151ページ（軍争篇第七）

（和訳＝敵を包囲した場合は、窮鼠猫を噛むことのないように必ず退路を一つ開けておけ）

――The Art of War 109〜110、132〜133ページ

「窮寇には迫る勿れ」

――『孫子』151ページ（軍争篇第七）

（和訳＝窮地に陥った敵は、深追いしてはならない）

クラウゼヴィッツは、間接アプローチの重要性について孫武ほどには強調していないが、それでもなお読者がこれらの価値を全面的に無視してしまうことについては、警鐘を鳴らしている。

「われわれが、敵戦闘力の撃滅に言及する場合、この概念を単に物理的戦闘力だけ

にあえて限定せず、より精神的な戦闘力の必要性を考え合わせなければならないことを、ここで明確に注意しておかなければならない[22]」　――『レクラム版』62ページ

孫武は、指揮統率に優れた軍事的指導者は、部下将兵を窮地に追い込み勇戦敢闘することを余儀なくさせるか、あるいは決死の覚悟をせざるを得ない極限状況を作為〔訳注　軍隊指揮官が期待すべき状況を創出する行為〕することができなければならないとしており、勝利を確実にできる軍事的指導者は、次のノウハウに通じているとしている。

「之を往く所無きに投ずれば、諸・劌（けい）の勇なり」　――『孫子』236ページ〔九地篇第十一〕

（和訳＝したがって、そのような戦場心理にある将兵を、出口のない死地に投じたならば、彼らは、かの専諸や曹劌のように獅子奮迅の勇戦敢闘をするであろう）

「之を往く所無きに投ずれば、死すとも且つ北（に）げず。死せば焉（いず）くんぞ得ざらんや、士

人、力を尽くす。兵士、甚だしく陥れば則ち懼れず。往く所無ければ則ち固く、深く入れば則ち拘し、已むを得ざれば則ち闘う」――『孫子』234ページ〔九地篇第十一〕

（和訳＝部下将兵を帰郷することも逃亡することもできない死地に投ぜよ。逃亡しても死、戦っても死という絶体絶命の状態に投ずれば、兵卒は死んでも逃げないのである。深く敵地に侵入すれば、将兵は互いに協力し合い、他に生存の可能性がなくなれば、将兵は必死敢闘しても戦うものである）

興味深いことに、クラウゼヴィッツ自身は、士気、意思の力といった非物質的な心理的要素の重要性は認めつつも、敵の士気や意思の力を孫武が主張するような方法でもって挫くことができるかどうかについては、明確な議論をしていない。

おそらくクラウゼヴィッツは、これらは自明かつ基礎的なことであると考えたのであろう。クラウゼヴィッツは、知的な学習過程を重視し厳密な論理を通じて適切な問題提起を行い、それに対する知的見解を詳述する手法をとり、孫武のように箴言を喝破するような表現は避けたように思える。

しかし、論理を重視したクラウゼヴィッツの真摯な説明ぶりにもかかわらず、『戦争論』も先述した「自明の理」という束縛から完全に脱却できたわけではない。たとえば決定的な会戦やその決勝点における戦力集中、全面攻勢の戦機、戦闘上の重心点などという概念について、論理を駆使し洗練させながら発展させているが、結局のところ読者に対して、実践するうえでのより具体的な実行方法は説明しきれていない。ただし、孫武とクラウゼヴィッツの相違点は、クラウゼヴィッツが『戦争論』で用いる体系的な理論的枠組みにおいて、直観力に優れた軍事的天才の役割について明確に論及し、こうした能力が際立つことで、具体的なイメージがわきにくい実践的な問題に対しても、当意即妙で適切な解決方法を提供できることにつながるとしているところである。

さらに、孫武とクラウゼヴィッツのもう一つの相違点を、両者の脈絡から抽出してみよう。『孫子』は、連戦連勝できる将軍は、敵に対して欺瞞と奇襲を行う能力に長け、敵の戦意を挫き、良質な情報を獲得することに精通していると主張している。しかしながら、孫武は、敵将もまた同様の運用能力を発揮する可能性については、ほのめかしてすらいない。換言すれば、これはある意味で一方的な分析であり、敵は受動であり、かつ我と同じような戦略を発想し追求することはないという前提なのである。

一方クラウゼヴィッツは、この点について敵と我はあくまで相互に影響し、敵の水準もあくまで自分と同じ程度のものと想定している。もし、敵と我が同じような水準であるとして『孫子』の論理に代入した場合、どちらか一方が相手の裏をかいて出し抜くことは容易ではないし、ましてや流血をせずに勝利をおさめることや、欺瞞によって最小限の犠牲と最低限のコストで勝利を獲得することなど実行不可能であるとしている。クラウゼヴィッツは、敵を過小評価する傾向のある洗練された戦略枠組みに対しては警鐘を乱打している。

「漠然たる抽象的な概念の世界を捨てて実践に目を向ければ、機敏で勇敢で決断力に富むような敵は広汎で複雑な技術を用いる暇を味方に与えないことがわかるし……」[23]

——『戦争論（上）』333ページ、中公文庫

クラウゼヴィッツは、一方的に有利な解決法というものは実現できるものではなく、孫武が論ずるような最小限の力をもってして敵に勝利することは不可能であると考えていた。『孫子』の強調する、流血なき勝利、欺瞞を用いた最小限の犠牲、最低限のコストによる勝利、敵の意思を弱めるなどについては、フランク・キアマンの論文「古代中国における戦闘の段階と方法について」(Phases and Modes of Combat in Early China) に詳しい。

「あまり類を見ることのない特殊性が際立つといえる軍略をここまで昇華させることになったのは、義が伴わず残忍な武力に対する中国の学者や歴史家の嫌悪感を反映した結果なのかもしれない。中国の儒教官僚たちが用いる手練手管を駆使することで、戦争といったものが、これに姦（かしま）しくも伴う、規律、組織、軍備の諸問題、要求される忍耐力や流血などが最低限度におさまるものであり、更にはある種の頭脳戦闘に置き換え得るものであれば、彼らにとっては辛うじて受け入れることができたのかもしれない。またこのことは、軍功が極めて華々しい将軍とは、魔術を駆使して自然や戦場の状況すら操ってしまう術者であるというような発想につながる。このような考え方が強くなると、戦争は経験を重視するという道から遠ざかり、儒教的合理主義に染まった文官僚の独占する領域となるのである。こうして軍隊は幻想の世界に追いやられてしまい、現代に至るまでの間、数世紀にわたって中国の軍隊は空理空論の趣が強い戦略思考の呪縛にあったのである[24]」

なお、クラウゼヴィッツの戦争観は、このような見方、考え方を引き合いにして批判されるようなものではない。実質的には現実における戦争の凄惨さを論じた人物として、クラウゼヴィッツは人後に落ちないのである。もっとも読み手に対して、戦争を不必要とするために必要な適切な方法についての視座などを提言しているわけではない。

「武力による決戦は、手形取引に代わる現金取引のようなものである。戦争におけるすべての大小の作戦が、いかにこの関係から縁遠くとも、いかに稀にしか行われなくとも、この取引における決済は、必ず行われる」

——『レクラム版』61ページ

「戦争の概念上、常に戦争に現れる作用は、すべて戦闘に源を発していなければならない」

——『レクラム版』57ページ

「戦争における唯一の手段は、戦闘である」

——『レクラム版』60ページ

クラウゼヴィッツは、干戈(かんか)を交えることなくして勝利をおさめることのできる可能性を認めながらも、それは実際とはかけ離れている部分があり、理論の領域にとどめ置いて検討されるべきものであると考えていたのである。

「それだから、人が文明国家間の戦争を政府の純然たる理性的行為として戦争をすべての激情からますます解き放そうと思い、結局、戦闘力の物理的量を有効に活用するのではなく、ただ単に戦闘力の物理的量の比率を一種の取引における打算のように使おうとするならば、人がいかに嘘をついているかということがわかる」

——『レクラム版』24ページ

「しかし、戦闘力の差が非常に大きい場合、彼我の戦闘力の測定は単なる見積もりによって得られる。このような場合、戦闘さえも生起せず、弱者の方が直ちに屈服するであろう」

——『レクラム版』59ページ

「戦闘は戦争において唯一効力があり、戦闘においては、われわれに対抗する戦力の撃滅は目的達成のための手段である。それは、戦闘が実際に生起しない場合でさえ同様である。なぜならば、いずれの場合の決戦でも、その根底に撃滅は必至であるという前提があるからである。したがって、敵戦闘力の撃滅はすべての軍事行動の基礎であり、あたかもアーチがその受け石を土台として建っているように、すべての軍事行動を組み立てている最終的な支点である。そこで、すべての行動は、根底になっている武力による決戦が実際に行われる場合、この決戦が有利であることを前提として実施される」

——『レクラム版』60ページ

「可能的な戦闘は、その結果からして現実的なものと見なされるべきである」

——『戦争論（上）』254ページ、中公文庫

「要するに、流血を伴わない決戦においても、勝敗を決定するものは結局戦闘であって、ただこれは現実には生起せず、単に威嚇として敵軍に示されたものにすぎない。もしこの事実を容認したとしても、ある人は次のように反論するかも知れない。つまり、この場合においては戦闘の戦略的組合せこそが最も効果ある原理と見なされねばならないのであって、戦術的事態解決などはまったく問題ではない」

——『戦争論（下）』73ページ、中公文庫

クラウゼヴィッツと孫武との「戦わずして勝つ」という点についての見解の相違は、大いに検討に値する。孫武がこの考え方をもっとも理想的なものとして位置づけたのに対して、クラウゼヴィッツはそれをほとんど例外的なものとして位置づけ、実際問題として代数学を解くかのような鮮やかな勝利というものはなく、戦闘に代わり得る

ようなものは普通存在しないと考えている。

この戦わずして勝利をおさめること、最少兵力をもっての大勝利、さらには非物質的な「戦力乗数」を、万能薬として見立てることへのクラウゼヴィッツの懐疑的見方は、皮肉めいた次のコメントからも読み取ることができる。

「何らかの策略をもって敵をその地域から移動させることは、同一の観点から見た場合にのみ同様の価値を有するが、本来の戦闘による成果と見なすことはできない。このような手段は、多くの場合過大評価されがちであるが、戦闘と同じ価値をもつことは稀である。またこの場合、予期しない不利な態勢に陥らないように注意することが必要である。将軍は、このような行動に要する代価が少なくてもすむので、ややもすればこれに誘惑されがちである。いずれにしても、このような行動は、わずかな成果しかもたらさないささいな行動とみなされるべきであり、限定された状況か、動機が薄弱な場合にのみ適合するものである。それでも、これらの行動は、勝利の成果を完全に活用できないような無目的な会戦よりはずっと有効である」

——『レクラム版』278ページ

「以上のような考慮の意図は、決して戦争中における軍行動の軽減を欲してなされたものではない。ありていに言って軍隊は戦争に使用されるためにあり、使用されて損傷を来たすのは自然のことである。ただここで言いたいのは、万事にその所を得させ、机上の大言壮語家に反対したいだけのことなのである。彼らによると圧迫的奇襲、迅速な運動、休むことを知らない活動力のためにはいかなる犠牲をかえりみるべきではなく、それはあたかも豊かな鉱山のごときものであって、怠慢な将軍だけがそれを利用せずに打ち捨てておくかのごとくであるという。彼らの言い草はこの鉱山を採掘するのを、まるで金塊銀塊をやすやすと掘り出すようにせよと言わんばかりである。彼らは掘り出された産物だけを見て、それを採掘するのにどれだけの労働がかけられたかを全然問いはしないのだ」

——『戦争論（上）』498ページ、中公文庫

「そこで、政府や最高司令官は常に決戦を回避し、決戦なしに目標を達成したり、密かに目標を放棄したりすることに努めてきた。そのとき歴史家や理論家は懸命になって、決戦回避の道をとるこうした戦役や戦争を主戦に代るものと見なしてきたし、のみならず、それを一層高度な技術であるとさえ見なしてきたのである。かくして、今日では、戦争の経済という点からすれば、主戦は過失によって必然的に生じた悪であり、秩序ある慎重な戦争では決して生ずるはずのない病的な現象である、と考えられるに至っている。そして、流血の伴わざる戦争を遂行し得る最高司令官のみが栄誉の月桂冠を受けるに値するとされ、戦争の理論はこのことを教える真のバラモン教義であるとされているのである。歴史は、この妄想を打破したが……」

——『戦争論(上)』382ページ、中公文庫

「しかし、敵戦闘力の壊滅が多くの場合に、あるいは最も重要な場合に中心的な事柄であることをいかにして証明し得るであろうか。特別な技巧を用いて敵戦闘力を直接に壊滅することなく、間接的に一層大きな壊滅を与える可能性、あるいは

小規模ながら特別巧妙に仕組まれた襲撃を通じて、そういう方法がはるかに近道だと感じさせるほど徹底的な敵戦闘力の麻痺や敵の意志の転換をもたらす可能性、こうした可能性を考察する極めて繊細な思想に対していかなる処置を講じたらいいのか。むろん、各地点の戦争には価値の多寡があるし、戦略においても各戦闘を巧みに配分しなければならない。いや、戦略とはまさしくこうした技術にほかならないとも言える。われわれはそのことを否定するつもりはないが、しかし敵戦闘力の直接的壊滅こそがいかなる場合にも重きをなすことは、声を大にして主張したい。われわれがここで壊滅原理について主張したのはまさしくこの圧倒的な重要性のためにほかならない」

——『戦争論(上)』332ページ、中公文庫

「流血なしに勝利を博した最高司令官などというものはいない。流血の会戦が恐ろしい舞台だとしても、そのことは戦争の価値を一層高める理由になるだけである。人間性に則って己れの剣を段々に鈍くし、鋭い剣をもった相手がやってきて自分の両腕を切り取るがままにしてよいわけはなかろう(25)」

——『戦争論（上）』383ページ、中公文庫

第8章

兵力数がすべてか?

戦わずして勝利をおさめるというのは、現実には難しい。戦略家たるもの武力行使が不可避となった場合、もっとも効果的な手段の策定・選択を決断しなくてはならない。

孫武もまた、いざ実戦となりその関心を軍事戦略へと転じると、これまでの論考で展開されていたほどにはクラウゼヴィッツとの違いは存在しなくなる。孫武は、クラウゼヴィッツと同様に敵に対しての最短でかつ大勝利を追求しているのである。全体的な兵力数の優勢、あるいは決定的会戦における敵に対する絶対的兵力数の優勢は、大勝利を獲得するための条件であるとしている。無論、後者を可能とするためには、将軍の軍事的能力といった質的な要素が大きく影響する。兵力数が劣勢のなかで勝利をおさめるためには、クラウゼヴィッツの言葉を借りれば、「軍事的天才」は、たとえば見込まれる情報価値の効用と限界、欺瞞を用いる場合の効果的な手法、または、攻撃と防御の根本的な違いなどについて理解しなくてはならない。さらにいえば、単に兵力数の優勢だけでは得ることのできない要素、つまりは地形、兵器上の技術などから見込まれる有利な点などを見抜いて考慮しなくてはならない。

「其の戦いを用うるや、勝つことを貴ぶ。久しければ、則ち兵を鈍らし鋭を挫き、城を攻むれば則ち力屈す」

——『孫子』42ページ（作戦篇第二）

（和訳＝勝利こそが武力戦の第一の目標である。武力戦が長期化すれば、装備兵器等は損耗し、第一線部隊将兵の戦力は減耗し、将兵の士気は低下する。城攻めの頃には、その戦力は尽き果てているだろう）

「故に、兵は拙速を聞くも、未だ巧みの久しきを睹（み）ざるなり」

——『孫子』44ページ（作戦篇第二）

（和訳＝したがって武力戦においては、たとえ戦果が不十分な勝利であっても、速やかに終結に導くことによって戦争目的を達成したということは聞くが、これに反し、完全勝利を求めて武力戦を長期化させ、結果がよかった例を、いまだ見たことがないのである）

「故に、兵は勝つことを貴び、久しきを貴ばず。故に、兵を知るの将は、生民の司命、国家安危の主なり」

——『孫子』52ページ（作戦篇第二）

（和訳＝武力戦の狙いは、勝利して戦争目的の達成に貢献することであり、武力戦を長期化させてはならない。したがって、戦争と武力戦の本質を理解している将軍は、国民の運命の守護者であり、国家の命運を双肩に担う者といえる）

決断力と速度が、決戦に勝利するために必要なエッセンスである。

「正しい行動方針を見抜いたら、実行せよ。他の命令を待つな」

——*The art of War*　112ページ

「兵の情は速やかなるを主とす。人の及ばざるに乗じ、虞らざるの道に由り、其の戒めざる所を攻むるなり」

——『孫子』232ページ（九地篇第十一）

（和訳＝速度こそが戦勝獲得の戦略・戦術的な要訣である。敵の不備を衝け。敵が予期

しない接近経路から、警戒不十分な弱点を急襲せよ）

「是の故に、始めは処女の如くす。敵人、戸を開けば、後は脱兎の如くす。敵、拒ぐに及ばず」

——『孫子』251ページ〔九地篇第十一〕

（和訳＝そのためには、始めは処女の如く慎重であれ。敵が隙を見せたならば、脱兎の如く敏捷であれ。そうすれば、敵の抵抗は不可能となろう）

スピードと決戦の目指すところは、勝利を可能な限り素早くもたらすところに帰し、そして、これは武力戦をいたずらに長引かせることを回避するためのものでもある。ただ、これはまた必ず一つの重い現実を伴う。それは多くの流血と犠牲という厳しい結果が付随する決戦の追求ということである。武力戦という生々しく流血を伴う現実や、殲滅戦とそれに伴う破壊の程度についてほとんど論ずることのなかった孫武とは異なり、クラウゼヴィッツはこの点を直視して論じている。

「攻撃の当面の目標は勝利である」

——『戦争論（下）』415ページ、中公文庫

「敵戦闘力の制圧と破壊こそがやはり最も確実な第一歩であり……」

——『戦争論（下）』505ページ、中公文庫

「戦争の目標は、敵の打倒であり、その手段は敵の戦闘力の撃破である」

——『レクラム版』273ページ

「言うまでもなく会戦の勝利だけがすべてでないことはわかっている。しかしそれに勝利を得ることがまず先決の主要な問題ではないだろうか」

——『戦争論（上）』434ページ、中公文庫

「ナポレオンは出陣にあたって、ほとんどいつでも、敵を最初の会戦で直ちに撃破しようと考えていた」

——『戦争論（上）』384ページ、中公文庫

「しかし敵戦闘力の直接的壊滅こそがいかなる場合にも重きをなすことは、声を大にして主張したい」

――『戦争論(上)』332ページ、中公文庫

では、どのようにして迅速な勝利は可能となるのであろうか? これについては、これまでの問題提起で指摘しているように、圧倒的な兵力数の優勢を保つことが、決戦において勝利するための選択肢のうちのひとつであるとしている。加えて、この兵力数の優勢を圧倒的に保つことによって、可能性は小さいが戦わずして勝つこともあり得るとしている。またクラウゼヴィッツが明確に指摘しているように、兵力数以外の条件が敵と味方の間で差がないとすれば、兵力数の優勢こそが決戦において勝利をおさめるもっともシンプルな方法である。

「戦力の優越は、戦術においても、戦略においても、勝利のための一般的な原則であり……」

――『レクラム版』201ページ

「戦力の優越は、戦闘の結果にとってもっとも重要な要因であり……このことから直接導き出される結論は、戦闘における決定的な地点にできる限り大きな戦力を集中しなければならないということである」

――『レクラム版』202ページ

「したがって、第一の原則は、できる限り大きな戦力の軍隊を戦場に向かわせることである。これは、まったく常識のように聞こえるかもしれないが、事実はそうではないのである」

――『レクラム版』203ページ

「最良の戦略は、常に強大な戦力を保有することであり、まず一般的な優勢を獲得し、それが不可能な場合でも決定的な地点における優勢を獲得しなければならない。……彼の保有する戦力を集中させておくということ以上に重要で単純な戦略上の原則はない」

――『レクラム版』209ページ

「われわれが近代戦史を偏見なく考察するなら、兵員数の優越が日ましに決定的重要性をおびてきていることを認めざるを得まい。それゆえ、決定的戦闘には可能な限りの兵員数を動員せねばならないという原則を、今日われわれは以前にもまして確認しておかねばならないのである」

――『戦争論(上)』416ページ、中公文庫

勝利は絶対的な兵力数の優勢により左右されるということが強調されなくてはならない一方で、孫武もクラウゼヴィッツも、武力戦を遂行するうえで重要なことは、武力戦全体でみたときの絶対的な兵力数の優勢ではなく、むしろ決定的会戦や交戦地点における相対的な兵力数の優勢であるとしている。

したがって、絶対量で数的な劣勢にはあるが、良質なリーダーシップにより統率された軍隊は、この考え方を巧みに採用することで勝利し得るとしている。つまり、絶対的な兵力数の優勢がいつも必ず勝利に結びつくというわけではなく、特に、兵力同士が直接接触し衝突するわけではない、より高度な戦略レベルにおいてこのことがあてはまる。ただし、他の条件を同じとして考えた場合、実際に交戦がなされる要点に

おいては、やはり兵力数の優勢は大きな意味をもつことになる。

「部分的戦闘においては、予定された成功を収めるのに必要な兵力をおよそ決定するのはそれほど難しくはないし、したがって余剰兵力も比較的容易に決定され得る。だが戦略においては、戦略的成果が特定のものではなく、その限界がはっきりしないために、兵力を決定することは不可能に等しい」

——『戦争論（上）』302ページ、中公文庫

実際に交戦がなされる要点に、相対的な兵力数の優勢を確保することは、疑いなく軍事的天才の高度な功績として位置づけられる。

「それゆえ最高司令官に残されたことは、巧みな兵力の利用によって、絶対的優位が得られない場合でも、決定的な瞬間には相対的優位を作り出すべく努めることである」

——『戦争論（上）』281〜282ページ、中公文庫

同じ考え方が、『孫子』においても強調されている。

「故に、人を形して我に形無ければ、則ち、我は専らにして敵は分かる。我は専らにして一と為り、敵は分かれて十と為らば、是れ、十を以て其の一を攻むるなり。則ち、我れは衆くして敵は寡し。能く衆を以て寡を撃てば、吾れの与に戦う所の者は約なり」

——『孫子』118ページ〔虚実篇第六〕

（和訳＝我が軍の兵力配置は完全に秘密にして、敵を我が思うように展開させることができるならば——敵の兵力展開の状況が浮き彫りになるならば——我が軍は企図する要時要点に兵力を集中することができる。一方、敵は多方面に兵を分散配備せざるを得なくなる。敵が兵力を分散し、我が軍は主動的に要時要点に兵力を集中できるので、我が軍は総力を挙げて敵の一部を攻撃できる。すなわち、我が軍は企図する要時要点において相対的な戦力の優越を期することができる）

クラウゼヴィッツの兵力数の優勢についての議論は、戦争論の章立てのなかに組み込まれている（『戦争論』第3編第8章、『戦争論』第5編第3章、戦闘力の比率）。一方、孫武は、この問題については特に章を立てず、『孫子』全体にちりばめている。孫武がこの問題を特に軽視したということではないのである。

結局のところ、クラウゼヴィッツと孫武はともに、交戦時の重要局面における相対的な兵力数の優勢を勝利の鍵として位置づけている。しかしながら、どのようにこれを達成するかというアプローチが異なる。クラウゼヴィッツは、自軍を最大限に集中させる運用を採用する「積極的」なアプローチを強調し、この点については敵にさして関心は払わなかった。これに対して孫武は、分散や迂回といった手段をとることで敵軍が集中して対応してくることを防ぐ、より「消極的」なアプローチを主要な関心事とした。これは、孫武が欺瞞や陽動、迂回の価値をより高く評価していたことの表れでもあると考えられる。

「親しければ、而ち之を離す」

――『孫子』32ページ（始計篇第一）

（和訳＝団結した敵は、これを離間・分裂させよ）

「吾れの与に戦う所の地は知るべからず。知るべからざれば、則ち敵の備うる所の者は多し。敵の備うる所の者の多ければ、則ち吾れの与に戦う所の者は寡し」

——『孫子』119ページ〔虚実篇第六〕

（和訳＝我が軍が、決戦を企図する戦場を、敵に知らしめてはならない。敵が決戦場を解明できなければ、敵は多くの要域に備えざるを得なくなる。もしも、敵が多方面に兵力を分散配備するならば、我が軍が決戦を企図する方面に配備される敵兵力は相対的に僅少ということになる）

「敵は我が軍の騎兵がどこへ向かうかという判断を絞りきることはできないであろう。また、我が軍の歩兵がどこに向かうかわからないだろう。故に、敵は自軍を分散され、分断されることになり、あらゆるところで備えを強化することが迫られる。これにより、敵軍は散らばってしまい弱体化してしまう。故に我が軍は、交戦地点において孤立した敵軍に対して相対的に大きな我が軍を用いることができるのである」

——*The Art of War*　98〜99ページ

「夫れ、覇王の兵、大国を伐たば、則ち其の衆を聚る(あつめる)を得ず、威を敵に加うれば、則ち其の交わりを合わすを得ず」

——『孫子』245ページ（九地篇第十一）

（和訳＝さて、覇王が強国を攻撃する場合は、彼は、まず敵の兵力集中を不可能な態勢に陥らせ、また敵を脅威して同盟国の支援行動を不可能にする）

クラウゼヴィッツにおいてより典型的ともいえる積極的アプローチについて、孫武がめずらしく言及しているものに次のようなものがある。

「敵に并せて一向せしめ、千里にして将を殺す。此れを、巧みに能く事を成す者と謂うなり」

——『孫子』249ページ（九地篇第十一）

（和訳＝敵の行動に我が行動を合わせることにより、敵を自己の欲する方向に誘導し、その一方で、我が方は敵に悟られることなく兵力を集中せよ。そうすれば、千里離れた敵将といえども、討ち取ることができるだろう。これこそが、「詭道」によって目的を達する者といえる)

比較していえば、クラウゼヴィッツは、敵の企図や意図についてはほとんど軽視し、自軍の戦力集中という一方的な作戦考案に偏重していたといえる。最大限可能な自軍の戦力集中を達成し得れば、他の条件を同等として考える限りにおいて、作戦の成功はほぼ間違いないことになる。この点に関していえば、クラウゼヴィッツはもっとも阻害要因のない真空状態の実験室で作戦計画を構想しているようなものである。

さらに論及すれば、相対的な兵力数の優勢を決定的会戦での交戦地点においてどのように確保し達成するのかについては、ほとんど触れていない。そして孫武が成功と勝利の鍵としてあげた情報と欺瞞の潜在的価値については、全面的に無視している。

ただ再度言及しておくが、孫武の方法論に内在する危険性は、この情報と欺瞞を巧みに活用することで効率よく勝利をおさめることが万能薬になり得るとしているところにある。

突き詰めていけば、これらの二つの方法論は統合できるものであり、むしろ統合されるべきなのである。相対的に優勢な兵力数を保有することは勝利の十分な条件として寄与するが、これは必ずしも欺瞞を採用することを選択肢から排除するものではないし、さらに進んで欺瞞を採用することで、時間、資源、兵員の損耗を防ぐことができる。しかしながら人間の一般的な性向として、強者（国）はしばしば目的達成のために直接的で野蛮な方法に訴えやすく、強力な交戦能力を保有しない弱者（国）は欺瞞などに依存しやすいものである[26]。

こうした観点から論を進めていけば、欺瞞の採用とは、東西文化や歴史的経験の違いというよりも、強さと弱さの反映であるという結論が導かれるように思われる。第二次世界大戦時では、たとえば、イギリスとドイツによって共有されていたはずの西洋の軍事的伝統や文化は、欺瞞の採用にかける熱意や頻度、その範囲を決定づける要因にはならなかった。大戦勃発初期のイギリスは敗色濃厚で、なおかつドイツほどの強さと規模の軍の動員をかけることはできずにいたため、あらゆるレベルの欺瞞を広範囲かつ効果的に採用したのである。一方のドイツは、当初の戦力優勢と初期の軍事的成功によって、一層物理的な力に依存する傾向を強めた。しかしながら、イギリスもまた、アフガニスタンでの植民地戦争、ボーア戦争、第一次世界大戦に際して、その国力に自信があったときには、欺瞞の採用などはほとんど無視していたのである。

中国軍事史をみる限り、欺瞞を用いることが広く浸透していたといえるが、その中国といえども欺瞞をまったく放棄してしまったこともある。朝鮮やベトナムに対する大規模な正面攻勢などはその証左ともいえる。同様に、イスラエルがまだ独立して間もない弱小国だった時代（一九四八年の第一次中東戦争、五六年の第二次中東戦争、六七年の第三次中東戦争）、国家の既定方針として欺瞞を積極的に採用していたにもかかわらず、六七年の大勝利の余韻に浸るや否や、後には欺瞞の価値と効用を無視しはじめるのである（一九七三年の第四次中東戦争）。

加えていえば孫武は、様々な作戦・オペレーションを実施するうえで必要とされ得る兵力比率についての議論を展開しているが、攻撃と防御における相対的な強さの違いを間接的に区別している。

「以て戦うべきと、以て戦うべからざるとを知る者は勝つ」

――『孫子』73ページ（謀攻篇第三）

（和訳＝戦うべき時と戦うべからざる時とを、知ることができるものは勝利する）

「故に用兵の法は、十なれば則ち之を囲む」

――『孫子』66ページ（謀攻篇第三）

（和訳＝したがって、軍事戦略、作戦戦略の要諦は、敵戦力の一に対して、我が戦力が十倍であるならば、この敵は包囲せよ）

「五なれば、則ち之を攻む」

――『孫子』66ページ（謀攻篇第三）

（和訳＝五倍の戦力であれば、これを攻撃せよ）

「倍すれば、則ち之を分かつ」

――『孫子』67ページ（謀攻篇第三）

（和訳＝敵に二倍する兵力であれば、これを分断して処理せよ）

「敵すれば、則ち能く之と戦う」

――『孫子』67ページ〔謀攻篇第三〕

（和訳＝彼我の戦力が同等である場合は、全力を尽くして闘わなければならない）

「少なければ、則ち能く之を逃る」

――『孫子』68ページ〔謀攻篇第三〕

（和訳＝我が戦力が劣勢であれば、真面目な作戦・戦闘は回避すべきである）

「敵軍が強力であり、自軍が弱体なのであれば、まずは一時退却し、交戦を回避する」

――*The Art of War*　79〜80ページ

「夫れ、勢均しきに、一を以て十を撃つを、走（走る）という」

――『孫子』204ページ〔地形篇第十〕

（和訳＝所与の条件が互角であるのに、十倍の兵力を擁する敵を攻撃すれば、兵士は逃亡する）

クラウゼヴィッツは、攻撃と防御の性質の違いについてより洗練した論及を発展させる一方で、防御や攻撃それぞれの作戦において常に適合する兵力比率など法則定立的なものは存在しないとみなしている。換言すれば、クラウゼヴィッツの分析はもっとも高度な方法論を論じ、かつ哲学的なのである。しかしながら、孫武とクラウゼヴィッツは、「防御は、より少ない兵力を動員することでも成功し得る強力な戦争形態である」という部分において意見の一致をみる。さらに、両者は兵力数の優勢を重視するが、それのみに依存するリスクについても慎重な態度をとっている〔訳注 「守」と「攻」とにおける兵力量については、「現行孫子」と「竹簡孫子」とでは真逆の記述をしている〕。

「兵は、多きを益ありとするには非なり。惟武進する無かれ」

——『孫子』191ページ〔行軍篇第九〕

（和訳＝作戦・戦闘においては、静的な相対的戦力の多寡だけで、彼我の優劣を判断し

てはならない。兵力の優勢だけに依拠した安易な攻撃を行ってはならない）

「戦争では、時に多数の兵力をもってしても少数の兵力に対して攻撃できないという状況があり、逆に、少数兵力が多数を制することができる状況といったものも存在する。こうした状況を看破してその状況を手繰り寄せることができるものが勝利を手にすることができる」

——The Art of War　82～83ページ

クラウゼヴィッツは次のような言を残している。

「すなわち、戦力の優越によってすべてが決定され、あるいは主要なものが達成されるというよりは、当時の状況いかんによっては、非常にわずかの成果しか得られないだろう」

——『レクラム版』201ページ

「しかし、だからといって、戦力の優越が勝利のために必要な条件であると考えるのは、われわれの議論の展開をまったく誤解していることになる。われわれの結論は、戦闘において軍隊の戦力に与えられる価値について述べているだけである」

——『レクラム版』203ページ

「常に数的優位を唯一の法則と見なし、緊要な時期と場所に数的優位をもたらすという決まり文句を戦争術の奥義であると考えたのは、現実の世界における道理をまったく無視した過度の単純化である[27]」

——『レクラム版』115ページ

クラウゼヴィッツと孫武は、優れた将軍の指揮統率により、兵力的に劣勢な軍であっても決定的会戦において相対的により多数の軍を集中させることで勝利をおさめることができ得ることを強調している（ただし、この交戦時で想定しているのは、兵力数の優位以外の条件で、敵味方で等しいとしている）。

優れた将軍のリーダーシップと指揮統率、欺瞞、高い士気、これに現代戦についていえば、優れた兵器の技術、火力優勢が加われば、兵力の数的な劣勢を補ってもなお十分な余力が生じる。『戦争論』において観念論的な戦争（現実には存在しない理論上の戦争である絶対的戦争）のタイプの概念を論ずるに際して、クラウゼヴィッツは、冒頭から非物質的要素は物資的要素に劣らず重要であるとしている。

「われわれが敵を打倒しようとするならば、われわれの努力を敵の抵抗力に適合させなければならない。敵の抵抗力は、現有の手段の量と意志力の強さという分離できない二つの要因によって表現される。現有手段の量は（すべてではないが）数値に基づいているので、敵の大きさを特定できる。しかし、意志力の強さは特定が困難であり、ただ動機の強さによっていくらかは見積もることができるだけである」

――『レクラム版』26ページ

第9章

欺瞞、奇襲、情報、指揮統率の位置づけの違い

「兵とは、詭道なり」
――『孫子』29ページ（始計篇第一）

（和訳＝戦争行為の本質は、敵を詐り欺くことである）

「戦争においてはよくあることだが、敵を欺くために偽の計画や命令を出したり、誤った情報を流すことは……指揮官自身から生ずる自由な活動の一つと見なすことはできない」
――『レクラム版』207ページ

「其の備え無きを攻め、其の意わざるに出づ」
――『孫子』33ページ（始計篇第一）

（和訳＝敵の準備が整っていないか、不十分な所を攻め、敵が予期しない時機・手段・方法で攻撃せよ）

「したがって一国家が他の国家に奇襲戦をしかけたり、大部隊で奇襲攻撃をかけたりすることは極めて稀である」
――『戦争論（上）』285ページ、中公文庫

「故に曰く、彼を知り己を知らば、勝、乃ち殆うからず。天を知り地を知らば、勝、乃ち全かるべし（全うすべし）」

——『孫子』213ページ〔地形篇第十〕

（和訳＝したがって、「彼を知り己を知れ」ば、危なげなく勝つことができよう。そして「天の時、知の利」を知れ。そうすれば、勝利は完全なものとすることができるだろう）

「戦争で入手される情報は、その多くは互いに矛盾し、より多くの部分は誤っており、また大部分はかなり不確実である」

——『レクラム版』96ページ

『孫子』では、自軍を集中させ、一方敵軍には分散を強いるための要諦は、欺瞞にあるとしている（欺瞞や迂回戦術は、無論それら自体が目的ということではなく、奇襲を成功させるための手段である。奇襲とはつまるところ、敵が予期していないところへと自軍を集中し運用することである）。詐欺師が真の目的を隠すかのように、成功した欺瞞とは、敵がよもや攻撃を受けることはないだろうと考えている地点に敵を集結させておくように導くことであり、それによって決定的会戦での交戦地点において、そのエンゲージメント、つまりはそこに振り分ける敵軍の兵力を弱めることにある（欺瞞はまた、攻撃を受け犠牲となる側がいつどこで攻撃を受け、それがどのような手段や方法をもって行われるであろうかということを主体的に判断させないことも意図している）。

欺瞞が、『孫子』においてもっとも頻繁に論及されていることは、研究者や識者の指摘するとおりであるが、孫武の欺瞞の定義は非常に広範囲にわたる。そこには、能動的な側面と受動的な側面が含まれている（巧緻を極める欺瞞計画の展開、単純なおとりの活用、迂回戦術や陽動作戦、存在の秘匿や隠匿までを含む）。

欺瞞は開戦前、戦中を問わず常にあらゆる分野において採用されなければならない。それは、外交（敵と敵の同盟との間に楔をうつこと）、政治（敵軍のなかに破壊活動を通じて疑心暗鬼を蔓延（まんえん）させること）、軍隊などのすべての分野についてあてはまる。

欺瞞は、敵の内奥にある考え方や思想、期待、計画などを理解して構想されることが基本である。すなわち、敵側にスパイを送り込むなどにより期待される敵側への浸透を通じて確保される良質な情報源によって実現可能とされ得る。

孫武にとっては、欺瞞は戦争に勝利するための鍵であり、すべての戦争は欺瞞をベースとするものであると喝破している。また欺瞞を用いる際に準拠すべき原理原則としては、「普遍性を有しかつ妥当な心理戦に通じる知恵」をもって基本となすとしている。

「故に、能にして之に不能を示し、用いて之に用いざるを示す」

——『孫子』29ページ〔始計篇第一〕

（和訳＝詭道とは、実力を持っていても持っていないように見せかける。積極的に出ようとする時は、消極的であるかのように装うべきである）

「近くして之に遠きを示し、遠くして之に近きを示す」——『孫子』30ページ〔始計篇第一〕

（和訳＝近くにいる時は遠くにいるように思わせ、遠く離れている時は近くにいるように思わせよ）

「利して之を誘い、乱して之を取る」

——『孫子』30ページ（始計篇第一）

（和訳＝餌を与えて敵を罠にかけよ。混乱したように見せかけて敵を打撃せよ）

「卑うして之を驕らしむ」

——『孫子』31ページ（始計篇第一）

（和訳＝劣勢を装い、敵の驕りを助長せよ）

「我は、敵軍に対し自軍の弱点を強みであるかの如く見せ、強みは弱みであるかのように見せかける」

——*The Art of War* 97ページ

孫武は心理的要因に対してはきわめて敏感である。これらを通じて敵の感覚を操作することができるとし、自分自身の強さや優勢を信じるものたちは、しばしば欺瞞に陥るリスクが見えなくなりがちであることを理解していた。もっとも成功したといえる欺瞞とは、しかけられる側に既に浸透している考え方や希望的観測を上手く操作し増幅させるということであり、策略として自軍の弱体を装うことであると、孫武が頻繁に言及している。〝朗報〟は敵にとっては常に歓迎するべき要素であり、故に、徐々に敵は安堵感が作り出す幻想に引き込まれていくことになる。

孫武にとっては、欺瞞・陽動作戦は常に戦場において実施されるべきものであり、混乱や錯乱を装う、撤退を装う、あるいは戦場付近、敵の近くで感知され得るような騒擾（そうじょう）を起こすなどの手段を、適切に統制される環境下において行われるべきであるとしている。さらにより高度なレベルにおいては、二重スパイもしくは「死間」〔訳注　生還を期することなく謀略活動に専任する特殊工作員〕と呼ばれる使い捨てのエージェントを活用することで、偽情報を敵に植え付けることが可能であるとしている。彼らの使命は、敵方に逮捕拘束されることも覚悟のうえで、偽情報を敵方に意図的に流すことである。

孫武は一方で、敵により自分が騙されることを防止する必要性を強調してはいるが、これについては将軍や指揮官に対して十分に注意を喚起しているとは言い難い。実際には、

「佯り北ぐるには従う勿れ」

（和訳＝我れを誘出し撃破しようとする敵の後退行動に対する追撃は、軽々しく敢行してはならない）

――『孫子』149ページ（軍争篇第七）

「餌兵は食う勿れ」

（和訳＝囮には、喰いついてはならない）

――『孫子』150ページ（軍争篇第七）

と言及するのみである。このようなアドバイスは一般論としてはいいが、戦闘の最中で軍事的指導者や指揮官は、敵が真に撤退を試みているのか、あるいは、撤退を単純に装っているのか、いかにしてその真偽を知ることができるのだろうか？　策略にすぎないと看破することが一体いつできるのだろうか？　このような孫武のアドバイスは、ある種の危険性をはらんでいることを否定できない。野戦軍指揮官がリスクを冒すことを回避し、敵のあらゆる行動について自軍に不利な兆候として捉えてしまう傾向を生み出す可能性がある。敷衍すれば、結局のところ、孫武、クラウゼヴィッツともに高いリスクをとる用意と覚悟のある指揮官を賞賛していることになる。したがって、このような教訓は実践的とはいえず、いかに兵法に通暁しその運用に巧みである者であっても、敵の巧妙にしかけてきた計略の罠にかかるリスクからは完全には逃れることはできないのである。

同様の指摘として、孫武は一般論として二重スパイからの欺瞞にかけられる危険性を指摘しているが、自軍がそれを上手く用いることの必要性を主張する一方で、スパイが自軍に忠実であり続けているのか、あるいは敵側に寝返り運用されてしまっているのかをいかに見分けるかについては、詳細な説明をしていない。つまり、欺瞞の真偽を識別解明することは困難を極めるのである。このようなわけでスパイは、効果的な武器として用いられるのである。

孫武の広範囲におよぶ戦争の定義に従えば、重要な欺瞞工作の大半は、戦争開始以前に着手されていなければならない。これは、敵の同盟を弱体化させ、内部に不協和音を起こさせるような政治的、外交的な欺瞞を意味し、今日でいうところのディスインフォメーション（情報操作）やフィフスコラム（第五列）〔訳注　我が勢力圏内に敵が扶植している敵性工作分子〕といったものがあてはまるであろう。

「君主と閣僚の間をときに引き裂き、また別の面では、同盟者同士の紐帯に楔を打ち込む。互いを疑心暗鬼に陥らせることで、その仲を裂いてしまう。これにより敵に対して謀略を仕掛けることが可能になるのである」

——The Art of War 69ページ

「敵国である国々が互いに同盟を締結することを許容しない……故に、敵の同盟が孕んでいる弱点を探り当て、巧く対立させ崩壊に導くことである」

——The Art of War 78ページ

「敵方を害する方法はなにも一つとは限らない。たとえば、賢臣を籠絡し、知慮を君主に与えないようにする。または、人事の権謀術数に通じた者を送り込み、敵方の統治機構そのものを弱体化させる。さらには、智謀に通じた者を送り込み、敵国の国力や国富を浪費するような工作を仕掛ける。舞女や楽士を送り込み君主の歓心を買いその習慣を変えさせてしまう。美女を献上し君主そのものを堕落させてしまうなどである」

——The Art of War　113〜114ページ

孫武が開戦以前における欺瞞の活用を重用するのは、敵の計画をその初期の段階で頓挫させることが可能であると信じていたことによる。孫武は、敵の計画を挫き、同盟を離間させることに取り組むことで、事態が悪化する前に解決をはかることに強い関心をもっていたのである。

一方クラウゼヴィッツは、このような陽動作戦や欺瞞を用いる作戦についてはあまり価値を見出してはいない。

「その一方で、敵の判断に影響を与えるほどに戦闘を準備し、実行するためには、それだけで相当の時間と戦力を必要とし、しかもその対象が大きくなればなるほどその労力は増大する。したがって、通常このような行動は採用されず、いわゆる陽動が戦略において意図した効果を挙げることがほとんどない。事実、かなりの戦力を長期にわたって単なる欺瞞に使用することは、予想できない事態に際してこれを決定的な地点に投入できないという危険を伴う」

——『レクラム版』208ページ

クラウゼヴィッツは、弱者が追い込まれて用いる最後の手段として欺瞞を位置づけ、あらゆる事態の解決に有効な手段とみなしてはいない。

「戦争においてはよくあることだが、敵を欺くために偽の計画や命令を出したり、誤った情報を流すことは、戦略面では通常それほど効果がないので、個々の自然に発生した機会に使用されるだけであり、指揮官自身から生ずる自由な活動の一つと見なすことはできない」

——『レクラム版』207ページ

「しかし、戦略において使用される戦力が少ないほど、詭計を用いる必要性がいっそう高まる。どんな先見の明や英知によっても救い難いまったく劣勢な軍隊にとって、まさに万策尽きた場合の最後の助けとなるものは、詭計である。その状況が悪ければ悪いほど、また、最後の絶望的な一戦にすべてがかかっていればいるほど、詭計は、大胆さとともによりいっそう積極的に用いられるようになる。このような場合、あらゆる計算を度外視し、後の結果を考えずに、詭計と大胆さによって、たった一つの微かな希望の光明が灯される」

——『レクラム版』208ページ

孫武とクラウゼヴィッツの、欺瞞に対する価値評価自体にはそれほど大きな違いはないのだが、クラウゼヴィッツの欺瞞に対する関心の乏しさはどのように説明されるべきであろうか？　これについては、再度主張することになるが、答えはやはりどのレベルに主眼を置いて分析を試みているのかというところに帰結する。孫武は、よりその効果が見込まれる最高の大戦略レベル（政治）や作戦レベルなどのあらゆるレベルにおいて欺瞞の活用に関心を払っているのに対して、クラウゼヴィッツは、欺瞞については、より下位の作戦・戦術レベルにおいてその効用を論じ、効果が不確定であまり結果が見込めないようなものとして分析している。

奇襲

クラウゼヴィッツは、戦略レベルや高度な作戦レベルにおいて奇襲を成功させることはまずもって不可能であるということを踏まえ、奇襲を成功させるうえで効果的な手段として考えられる欺瞞の価値を割り引いて考えている。

「奇襲……この努力はあまりに一般的であり、あまりに不可欠であり、それが全然成果を生まないということはあり得ないので、逆にまたすばらしい成功を収めるということも稀である。しかし奇襲の本性上それも致し方ないことである。つまり、この手段によって大きな戦果が得られると考えるのは誤っているということである。理念の上ではそれはわれわれを強く惹きつけるものをもっているが、実行するとなると軍隊の全機構の摩擦に妨げられることが多いからである。奇襲はむしろ戦術において用いられることが多いが、それは戦術においては時間や空間が比較的狭いという至極当然の理由による。それゆえ、奇襲が戦略のうちで用いられる場合には、戦略の方策が戦術の領域に近づけば近づくほど実行の可能性が増し、政治の領域に近づけば近づくほど実行が困難となるのである。戦争の準備には通常数カ月を要するし、軍隊を主要な配置点に集結させるには大倉庫の設備や長い行軍が必要とされるが、これらの方針はいち早く敵に察知されるものである。したがって一国家が他の国家に奇襲戦をしかけたり、大部隊で奇襲攻撃をかけたりすることは極めて稀である。……全体としてそのような奇襲が大きな成果を生んだ例は極めて少ないからである。このことから、奇襲には多くの困難を伴うということを結論としてもいいだろう」

――『戦争論（上）』285～286ページ、中公文庫

「その上敵の軍隊の集結、接近なども、味方の前哨の報告を待たねば気づき得ないほど秘密裡に行われるわけではない。したがってもし仮にそういう事態に立ち至ったとなれば、それは防禦者側の不運としか言いようがないだろう」

「われわれは奇襲とか襲撃とかいった曖昧な観念をも問題外としておきたいと思う。それらは攻撃の際に豊かな勝利の源泉になると一般に考えられているけれども、あくまでもそれらは個々の特殊な事情の下でしか適用され得ないものなのである」

——『戦争論（下）』227ページ、中公文庫

——『戦争論（下）』415ページ、中公文庫

もしも奇襲が成功できないのであれば、欺瞞は目的を達成したとはいえない。武力戦の交戦規模の上位から下位レベルへと様相を移すにつれて、奇襲の達成はより容易になるであろうが、一方でその及ぼす効果はその分だけ減殺されていく。

「兵法に通暁した練達の者は、敵が攻撃に備え態勢を整えることを困難にさせる。この熟練者たちは九天からまるで稲光のように激しく攻勢をかけるのである」

——*The Art of War*　86ページ

「其の必ず趨く所に出で、其の意わざる所に趨く」　――『孫子』112ページ〔虚実篇第六〕
（和訳＝敵が必ずやってこざるを得ない要点は、先回りをして奪取せよ。敵の予期していない要点は、速やかに急襲せよ）

「敵がその備えを怠り無防備なところを目がけて奇襲をかけよ。そして、奇襲部隊をもって一気呵成に攻撃せよ」　――The Art of War 133ページ

「奇襲とは成功し得る手段である」という孫武の信頼は、孫武がその価値に重きを置いた情報への信頼（情報が有する価値によって奇襲は防止し得るものであるとする）、並びに戦場で発生する状況を掌握する能力への期待、さらに武力戦が勃発する以前の敵戦力の見積もりへの信頼などと論理的にはある程度矛盾をきたすことは否定できない。

もし一方が奇襲を達成し得るのであれば、これは相手（敵）に対しても同様のこと

がいえるわけであり、ここから敷衍すれば、情報や開戦前における各種見積もりが武力戦に潜在的に寄与する価値についての限界があるということになる。

クラウゼヴィッツは奇襲成功の可能性にあまり信頼を置かず、多くの状況において情報とは事前警告の適時性〔訳注　報告や警報の適時性は軍の命脈を決する概念で、タイミングのこと〕にあるとしていたにもかかわらず、情報の価値にあまり関心を抱かなかったことは奇妙でもある。これについてはどのように考えるべきか？　答えの手がかりは、またしても分析レベルの相違に帰結する。

クラウゼヴィッツが奇襲の達成をほとんど不可能とするとき、これは、上位の作戦レベルや戦略レベルを想定している。他方で、孫武が奇襲の効用がもっとも見込まれるとしたのは、主に武力戦の戦術レベルにおいてなのである。

これまでみてきたように、戦争に勝利する必須の条件とは、決定的会戦における兵力の最大限の集中であることをわれわれは知った。クラウゼヴィッツは、敵が確実に自軍のしかけた欺瞞に陥るという強い確信がない状態での欺瞞・陽動作戦の実施は、ただ単純に自軍の兵力を分散させるだけに終わってしまうとしている。

敵を奇襲し撃破するということは実際大変に困難であるということを踏まえ、故に、クラウゼヴィッツは、自軍を集中させることで勝利を獲得することが適切と結論づけたのである。[28]

クラウゼヴィッツの生きていた時代では、戦争の上位レベルの様相において欺瞞や奇襲を成功させることは難しかったという事実もあり、故に、クラウゼヴィッツの欺瞞や奇襲への関心が薄くなることは、ある程度の妥当性があったということは議論されるべきであると思う。一方の孫武は、テクノロジーが発達する以前の時代においての欺瞞と奇襲の重要性を誇張した部分があったといえるかもしれない。

戦略レベル、作戦レベルにおける奇襲は、産業革命によって可能となった。産業革命によりそれまでには想像することもできなかったような機動力の向上、火力の向上、リアルタイムでの通信能力の向上などが確保された（この発展により、遠く距離を隔てて展開している部隊同士の協同や統制が可能となった[29]）。

こうして一度奇襲が、戦争の一部として組み込まれるようになると、欺瞞の価値とその重要性が増してくることになった。結果として、孫武が主張する「戦争のあらゆるすべての側面は欺瞞を基礎とする」という一貫した考え方のほうが、クラウゼヴィッツの欺瞞が有する価値を割り引いた見立てよりも、我々の時代にはなじみ深いものになり浮かびあがってくることになる。作戦の上位レベルにおける奇襲の成功は、決定的会戦での交戦地点における優勢兵力の集中が重要であるが、今日ではこれはしばしば欺瞞に大きく左右されている。産業化された現代においては、この交戦地点における優勢兵力の集中とは、兵力数に恃(たの)むということ以上に、火力、機動力、技術的、ドクトリン(戦闘教義)的な要素に依存している。第二次世界大戦において連合国による欺瞞が成功する一方、ドイツのクラウゼヴィッツ派の伝統的な考え方、一般論として情報の可能性を過小に見積もり、特に、欺瞞についてその価値をあまり認めない考え方は、今日となれば的外れといえる。孫武が必要不可欠とした欺瞞が、今日の戦争においては大いに評価されるものなのである。(30)

第10章

インテリジェンス・情報は『孫子』の真骨頂

インテリジェンス・情報は、『孫子』の主張が今日の軍事専門家に対して適切な示唆を与え得るもう一つの分野である。情報は、政治的あるいは軍事的指導者にとってもっとも常用的な戦力乗数のひとつであることを前提とし、孫武は開戦以前に、あるいは作戦や戦闘に先立って、綿密に情報活動（諜報活動）の準備をすることの必要性を繰り返し主張している。

『孫子』では一貫して、情報活動の継続的な実施と理解が重要であることを明示している。良質な情報を、「敵の考え方、企図、能力に加えて、敵の配置や行動計画の見積もりなどに対する知見を提供するもの」としている。結果として、情報見積もりは、敵の弱点を衝くために適した軍事作戦を策定するための前提条件となる。そのように策定された計画は、敵の妨害要因が判明していない真空状態（無菌状態）で作られたものに比べ、より特定の状況に適した作戦となる（反対に、報告された情報を無視、あるいはそれを反映しようという試みを放棄すると、その結果は悲劇的となる）。

ここで再度主張しておくが、最高レベルの良質な情報を収集する必要性は、この『孫子』という作品の教育的価値を高めるのに貢献している大きな理念として捉えられるに違いない。十分に信頼性の高い情報がほとんど収集できず、不確実性がほとんど除去されない場合であっても、『孫子』のこの情報に対する積極的な態度は非常に重要である。一方で、情報が果たす役割についてのクラウゼヴィッツのネガティブな見解は、後世、このドグマを継承したことで多くの人間が直面した手痛い失敗の責任を帰せられるべき部分ともいえるであろう[31]。

さらに今少し詳細に、『孫子』が言わんとしている情報価値の重要性についてその見解を論及してみたい。

「故に、惟明君賢将の、能く上智を以て間(かん)と為す者のみ、必ず大功を成す。此れ、兵の要にして、三軍の恃みて動く所なり」

——『孫子』285ページ（用間篇第十三）

（和訳＝このように、課報工作員として最高の知性を有する優れた人物を使いこなすことのできる聡明な君主や有能な将軍だけが、戦争特に武力戦という大事業を確実に遂行することができるのである。課報活動は、戦争特に武力戦の要をなすものである。軍は、これによって、一つひとつの行動〈作戦・用兵〉を効果的に進めることができ

るのである）

すべての重要な情報・インテリジェンス問題が、指導者の直接コントロールのもとに置かれなくてはならないのは、こうした理由による。

「故に、三軍の事は、間より親しきは莫く、賞は間より厚きは莫く、事は間より密なるは莫し」

——『孫子』２７８ページ（用間篇第十三）

（和訳＝全軍の中で、諜報工作員ほど君主や将軍の近くに位置する者はなく、最高の報酬を受け取る。情報活動に関する問題以上に機密を要するものはない）

指導者は、スパイならびに二重スパイの任務に耐え得る者をまずは慎重に選び採用し、任務を与え管理し、厳しく評価し、そして誠意をもって報償しなくてはならない。

「諜報に従事する者に第一に求められる資質とは、誠意と真実性を重んずること、加えて真の賢さであり、これの有無を見極めることが必要であり……この後に課報に従事するものは間諜として採用されることになる……間諜の中には金銭の誘惑に惑わされて、敵情についての正確な情報を送ることを怠り、本国の情報要求に対しては徒に装飾した内容空疎な情報を送ることに堕してしまう者もある。こうしたことに直面しても、本国の管理者は、冷静沈着に対処することが求められる」

——The Art of War　147ページ

情報保全という観点から情報活動のすべてを知る指導者がただ一人専任されるのであれば、彼は運用しているすべてのスパイに対して自分自身で任務を授けなくてはならない。

「間諜は己の任務を将軍の帷幕にて直接授かる必要があり、常に秘密保持に心がけ、将軍との関係を密接に保つ必要がある」

——The Art of War　147ページ

そして、指導者は、自分のスパイから受け取ったインフォメーション（情報・報告）に、敵からの欺瞞の企図が紛れ込むことを防止するためにも、慎重に評価判断しなければならない。これは、経験と直観力が大いに必要とされ、孫武も実際、次のような言葉を残し、真実とそうではないものを見分けることの難しさについて述べている。

「微なるかな微なるかな、間を用いざる所は無きなり」

——『孫子』279ページ（用間篇第十三）

（和訳＝諜報工作は、本当に捉えがたい問題といえるのではなかろうか。実際、それは、つかみどころのない問題なのである。しかし、諜報工作の本質を会得すれば、諜報工作の及び得ないような分野はないのである）

最後に、この情報・諜報の重要性を反映し、指導者はこれに従事するスパイを寛大に報償しなくてはならないとしている。

「五間の事は、主は必ず之を知る。之を知るは必ず反間に在り。故に、反間は厚くせざるべからざるなり」

――『孫子』284ページ（用間篇第十三）

（和訳＝君主は、この五種類の工作員の活動の実態について、完全に知っていなければならない。こうして、この諜報工作によって得られる知識は、二重スパイを基点とすることによって生じてくるものである。したがって二重スパイ〈反間〉を最大の報償をもって遇することは、必要にして不可欠のことである）

実際、指揮官の能力を評価するための最も重要な基準のひとつは、この情報・諜報を活用できるインテリジェンス能力である。(32)

「聖智に非ざれば間を用うること能わず、仁義に非ざれば間を使うこと能わず、微妙に非ざれば間の実を得ること能わず」

――『孫子』278ページ（用間篇第十三）

（和訳＝深い洞察力と慎重な思慮分別のない者、慈悲と正義を貫く心のない者は、諜報工作員を運用することはできない。また、人心の機微を察する鋭敏で緻密な精神を持

たない者は、五間の諜報員たちから真実の情報を引き出すことはできない）

「故に、惟明君賢将の、能く上智を以て間と為す者のみ、必ず大功を成す。此れ、兵の要にして、三軍の恃みて動く所なり」

――『孫子』285ページ（用間篇第十三）

（和訳＝このように、諜報工作員として最高の知性を有する優れた人物を使いこなすことのできる聡明な君主や有能な将軍だけが、戦争特に武力戦という大事業を確実に遂行することができるのである。諜報活動は、戦争特に武力戦の要をなすものである。軍は、これによって、一つひとつの行動〈作戦・用兵〉を効果的に進めることができるのである）

「故に、明君賢将の、動いて人に勝ち、成功衆に出づる所以の者は、先知なり」

――『孫子』272ページ（用間篇第十三）

（和訳＝聡明な君主や明敏な将軍が、戦えば必ず敵を撃破し、また、その戦果が成功裡に結実するのは、平素、継続的に敵情を解明しているからである）

孫武の教えに従う将軍は、情報活動・諜報を活用することに強く依存し、同時に最小限の犠牲と流血によって勝利をおさめられるよう努力することを目指す資質を有することになる。

こうした傾向はまた、開戦以前において勝利を確保するための根回しを重要視する『孫子』の考えに通ずるところでもある。

「故に、上兵は謀を伐つ」

——『孫子』61ページ（謀攻篇第三）

（和訳＝すなわち、戦争指導において最善の方略は、潜在的な脅威対象国の我に対する侵攻企図・政戦略を無力化させることである）

「初期において敵の計略を挫くことは、……敵の計略を挫くことこそが戦争における最善のものである」

——The Art of War　77〜78ページ

敵を知ること、敵の計画の芽を摘むこと、これは、あくまでも良質な情報があって初めて可能となる。しかし、これを担保することは決して容易なことではない。スパイや間諜の能力が頼りにならないことや、実益よりも損害をもたらすこともあるので、こうした問題の簡単な処方箋や解決方法などは存在しない。実際、『孫子』の主張するスパイや間諜を送り込むということは、当然のように敵にも実行可能なこととして提起される。情報活動・課報について敵に関する有益な情報を得ることのできる有効な手段として深めた自信は、『孫子』において誇張されすぎていることは否めない。これは、ある意味では、より少ない犠牲とコストで戦争に勝つことを追求する際のプロセスのひとつとして位置づけられ解釈されるべきものであろう。

『孫子』は、スパイが果たす役割や機能について長々と論及する一方で、より下位の戦術レベルに必要とされる情報収集の方法についても論じることを忘れていない。これは、基礎情報(ベーシック・インテリジェンス)と呼ばれ、地図、天候や戦闘前の偵察活動、地形データなどが含まれる。

「指揮官たるものは、危険が潜む場所を全体として察知するためにも、平素から地形の見方について通暁しておく必要がある。……このようなことすべては、将たるものの心得であり、これを有してこそ地形の上での優位を失することはないのである」

——*The Art of War*　104～105ページ

「之を作して動静の理を知る」

——『孫子』123ページ（虚実篇第六）

（和訳＝我が威力偵察による敵の反応から、敵の作戦・戦術の特質を解明できる）

「之を形して、死生の地を知る」

——『孫子』124ページ（虚実篇第六）

（和訳＝我の戦闘態勢を敵に偵察させ認知させ、敵を不利な戦場に誘い込む）

「之に角れて、有余不足の処を知る」

——『孫子』124ページ（虚実篇第六）

（和訳＝威力偵察をなせ。そして、敵の主力の所在、また敵の弱点を解明せよ）

今日で呼ばれるところのシグナルや兆候は、もう一つの敵情や敵の企図についての直接・間接情報として機能する。孫武は、兆候についての考えを次のように列挙している。

「塵の高くして鋭き者は、車の来るなり。卑うして広き者は、徒の来るなり」

――『孫子』182ページ〔行軍篇第九〕

（和訳＝高く舞い上がる塵煙は、戦車の接近を示唆する兆候である。低く棚引き横に広がるホコリは、歩兵の接近を示唆する兆候である）

「辞、卑うして備を益す者は、進むなり」

――『孫子』183ページ〔行軍篇第九〕

（和訳＝軍使がへり下りながらも、敵が戦闘準備を続行しているのは、間もなく進撃して来ることを示唆する兆候である）

「来りて委謝する者は、休息を欲するなり」

――『孫子』184ページ〔行軍篇第九〕

（和訳＝軍使が媚・諂（へつら）いの言辞を弄するのは、敵が休戦を欲していることを示唆する兆候である[33]）

「半進半退する者は、誘うなり」

――『孫子』185ページ（行軍篇第九）

（和訳＝敵が一進一退するのは、我が方を罠に誘い込もうとしていることを示唆する兆候である）

「杖して立つ者は、飢うるなり」

――『孫子』186ページ（行軍篇第九）

（和訳＝兵士が武器を杖にして身を支えているのは、その部隊が飢えていることを示唆する兆候である）

「汲みてまず飲む者は、渇するなり」

――『孫子』186ページ（行軍篇第九）

（和訳＝水汲みの兵士が、部隊に水を供給する前にまず自分から飲むのは、その部隊が渇きに苦しんでいることを示唆する兆候である）

「利を見て進まざる者は、労るるなり」
——『孫子』187ページ〔行軍篇第九〕
（和訳＝敵が戦勢有利な状況にあるにもかかわらず、戦機を捕捉して攻撃発起しないのは、疲労していることを示唆する兆候である）

「鳥の集まるは、虚なるなり」
——『孫子』187ページ〔行軍篇第九〕
（和訳＝鳥が陣営の上に群れをなして飛び舞っているのは、そこが藻抜けの殻であることを示唆する兆候である）

「夜呼ぶ者は、恐るるなり」
——『孫子』187ページ〔行軍篇第九〕
（和訳＝敵が夜間に騒ぐのは、恐怖していることを示唆する兆候である）

「旌旗の動く者は、乱るるなり」
——『孫子』188ページ〔行軍篇第九〕
（和訳＝旗や幟が、無秩序に、絶えず前後左右に移動するのは、指揮中枢が混乱してい

ることを示唆する兆候である）

兆候はスパイや間諜を活用することにくらべて頼りになるであろうが、この兆候もまた敵の企図により操作されている可能性がある。相当に強い確信がなければ、それに頼るべきではない。敵の状況についてもっとも妥当で可能性の高い情報を収集し分析していく作業において、成功する指導者・指揮官は、敵もまた同じことをするのを防止しなくてはならない。これは、カウンター・インテリジェンス（対情報・防諜・情報保全）と予測不可能性という主として二つの手法によって実施され得る。指導者・指揮官は、計画や企図を誰とも話さず、心の内奥に深く秘めることで、それにアクセスすることを防止することができる。

「能く士卒の耳目を愚にし、之をして知ること無からしむ」

――『孫子』240ページ（九地篇第十一）

（和訳＝名将は、自己の作戦・戦闘の企図・構想は、部下将兵といえども厳に秘匿しな

ければならない。これは対情報戦（カウンター・インテリジェンス）の要訣である）

「之を犯うるには事を以てし、告ぐるに言を以てする勿れ。之を犯うるには利を以てし、告ぐるには害を以てする勿れ。之を亡地に投じて然る後に存し、之を死地に陥れて然る後に生く。夫れ、衆は害に陥りて然る後に能く勝敗を為す」

――『孫子』247ページ（九地篇第十一）

（和訳＝我が企図を知らしめることなく軍隊を配備展開させよ。勝利を獲得しようとするならば、前途の危険を示すことなく軍隊を用いよ。隷下の部隊を死地に投ぜよ。そうすれば、将兵は危機克服の努力をする。軍隊を死地に投ぜよ。そうすれば、兵士は生還の努力をする。なぜならば、軍隊というものは、このような状況に追い込まれてこそ、決死の努力をもって、勝敗を逆転させようとするものであるからである）

いったん行軍が開始されれば、優秀な指揮官は自分の企図や計画を隠して行軍を続けるものである。どこへ向かっているのかなども含め、はっきりとした情報や指示は与えず、ぎりぎりのタイミングで臨機応変に対応する（これは、孫武が開戦以前において詳細な計画を立てておくという主張と明らかに矛盾する）。また、指揮官は傍から予測不可能なようにし（この意味は、指示の間違い、混沌、しらばくれること、不可解さ、凡庸さなどを装うことで周囲からは窺い知れないようにすること）、そして、同じ作戦計画は二度と使用せず、常に軍事ドクトリン（教義）を変える必要がある。

「故に、兵を形するの極は、無形に至る。無形ならば、則ち深間も窺うこと能わず、智者も謀ること能わず」

――『孫子』125ページ〔虚実篇第六〕

（和訳＝兵力配備の要訣は、我が軍の企図が――いずれにあるか――明確に判定できない無形の柔軟な戦闘態勢をとることにある。このようにすれば、鋭敏な情報収集力を持った偵察員に対する秘密の漏洩といった事態も発生せず、また、敵の慧敏な指揮官といえども、対応の策を講ずることは至難の業である）

「形に因って勝を衆に錯く、衆、知る能わず。人は皆、我らが勝つ所以の形を知るも、吾れが勝を制する所以の形を知る莫し」

——『孫子』126ページ〔虚実篇第六〕

（和訳＝敵の兵力配備に我が兵力配備を即応させる臨機応変の指揮運用により、隷下部隊に敵を撃破できる戦術戦法を授けるが、隷下の将兵はその戦術戦法の実態を知ることはできない。したがって、彼我ともに凡人には我が勝利した時の戦術戦法がわからない。我れの表面的な兵力配備はつかめるが、誰も、我れがどのようにして勝利したかという真因を解明できた者はいない）

「故に、その戦勝を復びせず、而して、形を無窮に応ぜしむ」

——『孫子』126ページ〔虚実篇第六〕

（和訳＝したがって、私は二度と同じ手を用いることはしない。なぜならば、勝利というものは、戦況の変化に応じて、戦法を縦横かつ無限に変化させていく所に求めていくべきものであり、過去の成功体験に依存してはならない）

「其の事を易え、其の謀を革め、人をして識ること無からしむ」

――『孫子』241ページ（九地篇第十一）

（和訳＝従来の慣用戦法を踏襲することなく、常に戦術戦法を革新し、作戦に変化を取り入れよ。そうすれば、何人も我が企図を察知しえなくなるであろう）

「其の居を易え、其の途を迂にして、人をして慮ることを得ざらしむ」

――『孫子』241ページ（九地篇第十一）

（和訳＝前進目標を秘匿し、前進経路を適宜変更せよ。そうすれば、敵は、我が作戦企図を見抜くことが不可能となる）

クラウゼヴィッツは、この手の情報保全についてはほとんど関心を払っていない。これは、そもそも奇襲自体がほとんど不可能であり、存在を隠匿しての部隊行動の試みはほとんど役に立たないという認識からきている。さらにいえば、軍事的天才は、敵が分散し、迂回行動をとってもその企図を直観的に看破することができなくてはならないとする。究極的には、自軍が自己欺瞞を行わないまでも、自軍を常に集中させ、兵力分散の試みや誘惑を抑え回避し続けることで、敵に対し我が存在を秘匿した機動などの努力をそもそも徒労に終わらせることである。

クラウゼヴィッツとは異なり孫武は、「良質な情報・インテリジェンスによって武力戦や戦闘の帰結を予測することができる」という考え方に相当楽観的かつ積極的な支持を与えている。『孫子』の理論においては、武力戦にひそむ不確実性や偶然、摩擦などが占める余地はあまりないと思われる。この意味では、孫武の論理はきわめてシンプルであり直線的である。

良質な情報・インテリジェンスは、より良い計画のベースとなり、戦場における事態をコントロールできる可能性を高め、所定の計画を遂行せしめ、勝利に寄与することになるとする。

この孫武の「戦闘と武力戦は慎重な計算による見積もりによって予測可能である」という信念は、数多くの言葉から明確に見出せる。

「吾れ、此れを以て勝負を知る」

——『孫子』27ページ〔始計篇第一〕

（和訳＝このような比較によって、私は、どちら側が勝ち、どちら側が敗けるかを予測することができる）

「夫れ、未だ戦わずして廟算（びょうさん）するに、勝つ者は算を得ること多きなり。未だ戦わずして廟算するに、勝たざる者は算を得ること少なきなり。算多きは勝ち、算少なきは勝たず。而るを況（いわ）んや算無きに於てをや。吾れ、此れを以て之を観るに、勝負見（あら）わる」

——『孫子』34ページ（始計篇第一）

（和訳＝さて、政府・軍首脳による戦争意思決定会議において、「五事・七計」による客観的総合算定で脅威対象国よりも身方の「力」が優勢であれば、勝利の可能性がある。もしも身方が劣勢であれば、敗北の可能性大で危険である。多重的かつ多方面から、「五事・七計」による客観的な情報判断を行う側は勝利を可能とすることができるが、一面的で主観的な希望的観測に陥る者には、勝利は不可能である。ましてや、この情勢判断をまったく行わない者には勝利の可能性はない。私が戦争時に武力戦の勝敗の結末を予測できるのは、このような情勢判断によって、情況を解明するからである）

「以て力を併すること足りて、敵を料（はか）り人を取らんのみ。夫れ、唯慮（おもんぱかり）無くして敵を易る者は、必ず人に擒（とりこ）にせらる」

——『孫子』192ページ（行軍篇第九）

（和訳＝作戦・戦闘に当たっては、的確な敵情判断により、敵に優る圧倒的な兵力を要時要点に集中しなければならない。この一事がすべてを決するのである。先見の明を欠き、敵の能力を過小に評価するものは、必ずや敵に致されるであろう）

明白な疑問を一つ提起するとすれば、どのようにすれば敵戦力の見積もりが正しいことがわかるのだろうか？　秘匿や欺瞞、さらには多分に偏見も混在するなかでそのようなことは可能なのか。これについてクラウゼヴィッツは、以下のような言及をしている。

「戦争における最大の摩擦の一つであるこの困難さを正しく理解すると、物事は以前に考えていたのとはまったく違ったものに見える」

——『レクラム版』97ページ

孫武は、勝利の秘訣は、彼我、敵味方の強み弱みを示す良質なインテリジェンス（情報）とインフォメーション（情報資料）をもとにした廟算にあるとしている。換言すれば、孫武は、今日の情報界用語でいう「ネットアセスメント」（彼我の比較分析）の重要性を明確に指摘しているのである。

インテリジェンスとは、この場では広義に捉えられるものを意味している。たとえば、敵についてほとんど瑕疵のないインテリジェンス（情報）を得ることができたとしても、我（自軍）についての情報が過大に評価されていたとすれば、結局のところ役には立たない。

皮肉なことに、このネットアセスメントという考え方を採用し実施する際に難しいとされているのは、自軍の正確な情報を得ることなのである。ある意味では、これは大きなチャレンジでもある。[34]

孫武はこのネットアセスメントについて次のような古典的な定義を列挙している。

「故に曰く、彼を知り己を知らば、百戦殆うからず」——『孫子』75ページ（謀攻篇第三）
（和訳＝彼を知り、己を知れ。そうすれば、百度戦っても敗れることはないであろう）

「彼を知らずして己を知れば、一勝一負す」——『孫子』75ページ（謀攻篇第三）
（和訳＝彼のことを知らず、己のことだけを知っているのであれば、勝ち負けの公算は五分と五分である）

「彼を知らず己を知らざれば、毎戦必ず殆うし」——『孫子』76ページ（謀攻篇第三）
（和訳＝彼を知らず、自分をも知らないのであれば、戦うごとに敗れることは必定である）

しかしながら、これらは彼（敵）を知るということについての努力目標であり一種の理想型であって、実際に得ることのできる敵情解明は、よくても実態と近似値におさまる程度として捉えられるべきである。人間の性質やパーセプション（物事の認識力）の問題、熱狂性、希望的観測などが常に介在することを考えれば、彼（敵）の全貌を正しく理解することは不可能である（無論、常にその努力をする必要があることには変わりないが）。個人や国家というものは、時として自分自身の限界や弱さをも知り得ていないことがあるのであり、ましてや彼（敵）の実態となればその解明は推して知るべしである。ただし、孫武が論じたような、正しくネットアセスメントに至り運用することの意味自体が失われることはない。

「故に兵を知る者は、動いて迷わず、挙げて窮（きわ）まらず」

——『孫子』213ページ〔地形篇第十〕

（和訳＝したがって、戦いの経験が豊富な将帥の行動には誤りがなく、その戦場の駆け引きには窮まるところがないのである）

第11章

有能な指揮官は計画をそのまま遂行できるのか

指揮と統御

望み得る限りの最高のインテリジェンス・情報が獲得され、ネットアセスメントにより敵味方の分析が完了し、適切な計画が立案され実行されるならば、孫武の論としては、戦争の結果は正確に予測できることになる。この前提としての、「有能な指揮官は所定の計画をそのまま遂行できる」という仮説であるが、この点についてもクラウゼヴィッツと孫武の考えは異なる。

「衆を闘わしむること、寡を闘わしむるが如くなるは、形名、是なり」

——『孫子』94ページ〔勢篇第五〕

（和訳＝多人数の指揮統率を少人数の指揮統率を行うと同じようにするのは、視覚信号（形）と聴覚信号（名）とによる通信・連絡・指揮系統の確立によるのである）

「孫子曰く、凡そ、衆を治むること寡を治むるが如くなるは、分数、是なり」

——『孫子』94ページ〔勢篇第五〕

（和訳＝多数の将兵への統率も少数の将兵への統率も同じである。要は、組織・編成の

問題である）

戦場をコントロールすることは不可能とみなすクラウゼヴィッツやトルストイとは異なり、孫武は次のように論及を続ける。

「紛々紜々、闘いて乱るるも、乱るべからざるなり。渾々沌々、形、円なるも、敗るべからざるなり」

――『孫子』102ページ〔勢篇第五〕

（和訳＝戦場が乱戦状態に陥ったとしても、「組織・編成〈分数〉と指揮通信機能〈形名〉が確立されていれば乱れることはない。また戦闘が混戦し流動化しても、これ〈分数・形名〉さえしっかりしておけば、敗北することはない）

「戦勢は奇正に過ぎざるも、奇正の変は、勝げて窮むべからざるなり」

――『孫子』99ページ〔勢篇第五〕

（和訳＝戦いの類型は、正と奇の二つの力と方法が存在するに過ぎないが、その組み合

わせによる変化は無限であり、常人の脳裡をもってしては、そのすべてを把握することは不可能である）

「乱は治に生じ、怯は勇に生じ、弱は強に生ず」

——『孫子』103ページ（勢篇第五）

（和訳＝混乱は秩序の中に、臆病は勇気の中に、弱さは強さの中に潜在するものである）

孫武は、戦場における戦況は、少なくともその大部分はコントロールできると見立てている。この考え方が次の言のいくばくかの根拠となっている。

「是の故に、勝兵は先ず勝ちて而る後に戦いを求め、敗兵は先ず戦いて而る後に勝を求む」

——『孫子』87ページ（軍形篇第四）

（和訳＝したがって名将が勝利を収めるのは、戦いを挑む前に勝利を収めているからであり、敗北する軍隊は、勝利の目算も見通しもなく戦うからである）

戦争・武力戦においていずれか一方が、対する敵の能力や企図などについての信頼できる情報を獲得することができ、それを適切に作戦計画に反映させることができ、さらにそれらが所定の計画どおりに遂行されるのであれば、戦う以前において既に勝利しているという言い分は理解できる。

クラウゼヴィッツは、こうした考え方を非現実的であるとし、次のような言葉を残している。

「人間の活動において、戦争ほど不断に、また一般的に偶然と接触することはない。その一方で、偶然の要素が加わると、あいまいさが増大し、幸運の戦争に占める地位が大きくなる」

――『レクラム版』40ページ

「相互作用がその性質上、およそ計画的であることを阻害する傾向をもっていることである」

――『レクラム版』123ページ

戦場において発生する戦況は、指揮官がコントロールできるようなものではない。成功し得る指揮官とは、孫武が描いたような所定の作戦を計画どおりに遂行できるものではなく、直観的に（必ずしも合理的ではない）戦場の戦況と混乱を読み取り、それを瞬時に勝機として活かすことのできる者たちのことなのである。

クラウゼヴィッツが論ずる戦争において、戦争のあらゆるレベルにおいて生じる無限ともいえる複雑性と予測不可能性が、『戦争論』における大眼目となっているかと思われる。戦争は不確実性、摩擦、偶然と幸運が入り乱れ、敵に対する完全な情報がなくても独立して行動を迫られ、そのなかで絶えず攻守が変化する。[35] 戦争という、際限がなくそれぞれの関連性も不明確で継続的に変化し続ける要素が入り乱れる存在は、これらのあまりの複雑性故にいかなる純合理的な計算や計画も不可能にしてしまう。これらの混沌とした状況はまさに、

「ニュートンやオイラーのような能力にふさわしい」　――『レクラム版』90ページ

問題ともいえるとするのである。

「原因から結果を演繹することに関しては、真因がまったくわからないという外的な、しかも克服しがたい困難にしばしば遭遇する。およそ人生におけるさまざまな営みのうちで、戦争ほどこのような困難が頻繁に生ずることはない。戦争では、すべての出来事が完全に知られることはほとんどなく、ましてやその動機についてはなおさらである」

——『レクラム版』149ページ

このように戦争においては、もっとも単純な決心や決断においてさえ、当を得た要素のすべてを考慮に入れて判断することが不可能である。故に、的確な決心や決断とは、とどのつまりは指揮官の直観力に依存することになるのである。

「計算は、変数だけをもってなされなければならない」

——『レクラム版』117ページ

とあるように、クラウゼヴィッツは常に状況が流転する戦場において、情報が入手できたとしても信頼をおくことはできないと結論づけている。クラウゼヴィッツにとって大部分の情報とは、軍隊指揮官の計画や行動を支援する要素というよりも、むしろノイズや摩擦の原因になり得るとしている。

「情報という用語は、敵や敵国に関する知識の総体を意味し、それゆえにわが方のすべての企図と行動の基礎となる。この基礎の性質、すなわち不確実さと変わりやすさを一度考えてみれば、戦争という建物がいかに危険なものであり、いかに崩壊しやすく、われわれをその廃墟の下に埋没させやすいかをまず感ずるであろう」

——『レクラム版』95〜96ページ

「戦争で入手される情報の多くは互いに矛盾し、より多くの部分は誤っており、また大部分はかなり不確実である。……戦争の混乱の中で、次から次へと情報が押し寄せてくる状況では、その困難は際限なく大きくなる。……要するに情報の大部分は誤りであり、人間の恐怖心が嘘や虚偽の助長に新たな力を貸す」
——『レクラム版』95〜96ページ

指揮官が唯一信用できるインテリジェンス・情報のタイプをあげるとすれば、それは自分自身であるとしている。

「指揮官は、岩のように確固として立つことによってのみ、真の均衡を保ち得るであろう」
——『レクラム版』97ページ

すべての情報は不確実であり、

「最後に、戦争においてはすべての情報がきわめて不確実であり、このため独特な困難さを伴う。なぜならば、すべての行動はいわばまったくの微光の中で行われ、霧や月明かりが物体を過大に、また異様に見せるようなことはいつも起こりがちである。

微光のために完全な認識が得られないとすれば、才能によって推測し、あるいは幸運に委ねざるを得ない。したがって、客観的な知識が不足している場合に頼らねばならないのは、またしても才能であり、あるいは偶然の恩恵である」

——『レクラム版』124ページ

「さらに、他の国々の関係と戦争がこれらの国々に及ぼす影響を考察しなければならない。これらの多様な、複雑に絡み合った対象を比較検討して正しい結論を見出すことは、まさに天才のみが可能な難事である。また、単に学問的な考察だけでこのような複雑な事象を解明することは、まったく不可能であると容易に理解できるであろう。

このことを比喩して、ナポレオンがニュートンでさえもひるむような代数の難問であると述べたことはまったく正当である」

——『レクラム版』306ページ

孫武が、インテリジェンス・情報を、戦争の不確実性を減少させるための必要不可欠な手段とみなしたのに対して、クラウゼヴィッツはむしろ、インテリジェンス・情報は不確実性のもとになると感じていた。孫武を師と仰ぐ指揮官は、あらゆる軍事問題に挑むに際し、外部の情報に目を向けることをアドバイスする。一方、クラウゼヴィッツを師と仰げば、むしろ指揮官は自分自身の直観を信じることで主観的な状況判断に頼ることになる。孫武の提言する解決方法は合理的であり、クラウゼヴィッツのそれは英雄的でありロマンティックでさえある。しかしながら、システマティックにインテリジェンス・情報を収集分析することの代替として軍事的天才という概念を位置づけるのであれば、時にそれは悲劇を導くレシピになり得る。この方法を突き詰めれば、時に、指揮官が希望的観測に浸り、不愉快な情報を無視したいという欲求に抗することが難しい環境に直面し、そのなかに身を置くことになってしまうからである[36]。

さて、ここでもう一度分析レベルの問題に立ち返りたい。インテリジェンス・情報に対して、常に関心を払い、政治、戦略、作戦、戦術などすべてのレベルにその適用ては下位の作戦、戦術レベルにおいて関心を払っていた。産業革命以前の時代においては、リアルタイムでのコミュニケーション手段（テレグラフや無線）の恩恵もなく、故に戦場に関する情報は入手されても、それが役立つ頃には既に賞味期限が切れ、古びたものになってしまっているのである。こうしたことが、クラウゼヴィッツがインテリジェンス・情報をほとんど無価値と結論づけた大部分の理由となる。下位の作戦、戦術レベルにおけるインテリジェンス・情報についてのこの考え方が、必ずしも上位の政治的、戦略レベルにおいて同様にあてはまるとは限らないが、この点については、クラウゼヴィッツは論及していない。

しかしながら、よくありがちな誤解の典型のひとつに、クラウゼヴィッツは戦場におけるインテリジェンス・情報の価値だけでなく、戦争のより上位レベルにおいてもインテリジェンス・情報の価値を低く見たという解釈がある。これをもって『戦争論』を読んだ指揮官たちが、「クラウゼヴィッツはインテリジェンス・情報に対してネガティブな態度を全般に有している」と結論づけてしまう誤解である。こうした考え方は、これら多くの指揮官が初級将校として第一線部隊に勤務した際に情報のネガティブな側面に触れた経験も働いて、より一層の支持を集めてしまう傾向にある。

このような考えを抱いたまま昇任し階級が上がり、高所からの指揮をする立場に至ったとき、本来、この立場ではインテリジェンス・情報が大きく貢献し得るのにもかかわらず、多くの指揮官たちはそれについてはほとんど価値もなく役に立たないと考えてしまうのである。

今日においてさえ、無数の予測不可能な事態から生じる摩擦と衝突が、戦争の下位レベルにおいてリアルタイムでのインテリジェンス・情報の価値を奪い取るということはある。そして、作戦や戦術レベルにおけるリアルタイムのインテリジェンス・情報を活用できるからといって、それは成功と勝利の保証にはならない（たとえば、イギリスのジュットランド沖海戦、クレタ会戦などが例としてあげられるであろう）[37]。故に、クラウゼヴィッツがインテリジェンス・情報の概念の直後に次のような摩擦の概念について論及していることは驚くにはあたらない。

「戦争においては、すべてが大変に単純であるが、もっとも単純なことが大変困難なのである。これらの困難が積み重なると、戦争を経験していない人は誰も正しく想像できない摩擦が引き起こされる。……計画の際に考慮に入れることのできない無数の小さな事情の影響によって、すべてが見積もりを下まわり、所定の目標のはるか手前までしか達しない。

……摩擦は、現実の戦争と計画上の戦争との相違にかなり適合する唯一の概念である。……

機械的な摩擦とちがって、数か所に集中されることのないこの恐ろしい摩擦は、その大部分が偶然と密接な関係にあるので、いたる所で偶然と接触し、まったく推測し得ない現象を生起させる。……戦争における行動は、重たい媒体の中での運動のようなものである。もっとも自然でまたもっとも単純な運動、たとえば単なる歩行でも、水中では軽やかにかつ正確に行うことはできない。同様に、戦争においては、普通の力では中程度の成果を挙げることさえも困難である。……それぞれの戦争は独自の現象に富んでおり、それはあたかも暗礁の多い未知の海洋のようである。……摩擦……このように外見上容易なことを困難にする」

――『レクラム版』98～101ページ

一般的に、戦争における不確実性、戦場におけるそれ以上の不確実性などがそこを支配することを考えた場合、クラウゼヴィッツがなぜ詳細な戦争計画を実際に遂行することにほとんど信頼を置かなかったのかが理解できると思われる。

「実戦にあっては、情報の不完全さ、恐るべき惨事、偶発事故などが他のいかなる人間活動におけるよりも大であり、したがって、当然そこには重大事の遺漏も多くならざるを得ない」

――『戦争論（下）』330ページ、中公文庫

「あらゆる情報や推測の不確実性、また偶然の常続的な混入によって、将軍たちは、戦争において彼が予期していたものと異なる事態に絶えず遭遇する。そして、これは彼の計画に、あるいは少なくとも、その計画の一部を成す構想に、必ず影響

を及ぼすことになる。この影響が規定の企図を決定的に破棄させるほど大きい場合、通常新しい企図が規定のものに取って代わらねばならない。その際、新しい企図を創造するための当面の資料が不足するのが通常である。というのは、行動中の状況の変化は多くの場合決心をせきたてるし、また新しい企図を展望する時間的余裕はおろか、時には熟慮する時間さえ十分にないからである。しかし、われわれの構想を是正したり、また生起した偶然を検討してみると、われわれの企図を破棄するほどのことはなく、その企図をただ動揺させるにすぎないということがほとんどである。状況に関する知識は増大したが、不確実性はそれによって減少するどころか、むしろ高まる。その理由は、このような経験はすべて一度になされるのではなく、逐次に得られるからであり、またわれわれの決心はこの新たな経験によって動揺させられ続け、精神はいわば常に武装したままの状態でなければならないからである」

——『レクラム版』70ページ

したがって、クラウゼヴィッツは、信頼できるインテリジェンス・情報の欠如を埋め合わせるために、次の三つの解決方法を提示している。一番目は、これまで既に言及した軍事的天才に伴う直観力。二番目は、物理的な強さ。三番目は、戦争術（兵法）自体である。[38] 物理的な強さが戦争においてはもっとも重要な要素であり、これが極限的にまで使用されてしまうと、いくら完璧なインテリジェンス・情報が存在したとしても、それに続く十分な兵力がなければ価値はない。反対に、強力で兵力数が優勢な軍隊であれば、人的損耗とコストは非常に大きくなるであろうが、インテリジェンス・情報がまったくなくとも勝利をおさめることは可能である。故に、クラウゼヴィッツは、戦争における第一のルールとして、まずは可能な限りの兵力を動員し、戦場へ派遣することを主張したのである。また、戦争術（兵法）に通暁し、その洞察力に優れた指揮官であれば、決定的会戦の交戦地点において優勢な自軍を集結させ、かつ十分な予備兵力をもつことで、たとえ十分なインテリジェンス・情報がないとしてもそれを埋め合わせることができるとした（無論、相対的には不利な部分があることは否定できない）。

指揮官は、自分自身のインテリジェンス・情報が関わる問題はおそらく解決できないであろうが、その一方で指揮官は攻撃的な戦略を追求することで、少なくとも敵の不確実性を増幅させ、敵が信頼できるインテリジェンス・情報を獲得するのを妨害することはできる。

「このあいまいさが一方にあれば、他方では勇気や自信によってこの間隙が埋め合わされなければならない」

――『レクラム版』42ページ

このアプローチの弱点は、インテリジェンス・情報のもつ可能性を完全に無視することから脱却するワンステップにすぎないということである。[39] しかも、戦争術（兵法）の理論がきわめて効果的に実行されたとし、軍事的天才に伴う直観力があるといえども、最低限のインテリジェンス・情報には依存しなければならないからである。[40]

孫武とクラウゼヴィッツのもっとも顕著な相違は、指揮と統制、インテリジェンス・情報、奇襲、欺瞞に対する考え方に表れてくる。孫武は、タイムリーで信頼できるインテリジェンス・情報が、軍事作戦を合理的に策定し、開戦の是非の決断をするうえで必要であるとしている。しかしながら、文字どおりに解釈してしまうべきではない。孫武もまた信頼できるインテリジェンス・情報を獲得することの難しさを記し、戦争の複雑さや不確実性について論及しているのである。ただし、クラウゼヴィッツが摩擦、不確実性、偶然性などの要素が占める中心的な役割を『戦争論』で明確に言及したようには、孫武は明確に論じてはいない。

逆説的に、孫武が主張する「可能な状況であれば常にそれを用いるべき」との欺瞞のススメは、同時に孫武が主張する「信頼できるインテリジェンス・情報を収集分析し、効果的に用いる」という考え方と実際のところ矛盾する。つまり、敵が同様に欺瞞を採用して実行すれば、インテリジェンス・情報の大部分は信用するに足るものではなくなるのである。したがって、孫武の主張するインテリジェンス・情報へ依拠する重要性については、単純に現実に即したものとして論じているのではない。むしろ、教訓的なプロセスの一部として、言葉を換えれば理想的なものとして解釈されるべきなのである。また、最高レベルのインテリジェンス・情報を獲得することを目指すということも、もっとも合理的な判断をするためのきわめて標準的な要求であると解釈されるべきである。これらは、政治的・軍事的指導者に対して、敵と交戦する以前において細心の注意と準備作業に基づいて戦略と作戦計画を策定するため、最大限の努力を注ぐべきであるということを想起させる性質のものなのである。

全体として、孫武がクラウゼヴィッツよりも、戦争について広い視座で論じたという事実は、孫武がインテリジェンス・情報に対する効用について強い確信を有していたことを物語るものである。政治的・戦略的階層におけるインテリジェンス・情報が有する価値と効用は大きく、孫武は、積極的にこの価値と効用を、貢献度ではより限界があり問題も多くはらむ戦争の下位レベルにも適用を試みたといえる。しかしながら、孫武のこのインテリジェンス・情報に対する積極的な態度のもっとも重要なポイントは、合理的な計算に基づく孫武の戦争へのアプローチを実証したことにある。

第12章

意外と多い共通点

軍事的指導者の役割

クラウゼヴィッツにとっては、戦争において信頼できるインテリジェンス・情報を入手することが不可能であることは自明のことであった。これは、クラウゼヴィッツの理論的枠組みの大部分を構築し、原理的分析のある部分を構成する前提となっている。信頼できるインフォメーション・情報資料が欠如している状況が、クラウゼヴィッツの観念上の絶対戦争（現実には存在しない戦争）と現実の戦争との違いを説明するための主要な足場のひとつを組成しているのである（政治の役割と攻撃と防御の違いなどとも関連しながら）。

換言すれば、干渉を受けることもなく無限に拡大する軍隊の行動という観念上の理論的概念（現実には存在しない）が、軍隊の停滞、麻痺、無為という現実へと導かれるベースとなるのが、この敵味方において信頼できるインテリジェンス・情報が欠如しているという前提なのである。そして、このことが、政治的・軍事的指導者が戦争において「純粋合理的」な決心と決断を行うことを不可能にしているのである。

クラウゼヴィッツは、インテリジェンス・情報の欠如を、直観力で補える軍事的天才という理論的な概念に発展させた。しかし、この概念は聞こえはいいが、インテリ

孫武、クラウゼヴィッツの比較（指揮と統制、インテリジェンス・情報の役割、奇襲、欺瞞、ならびに予測）

	孫武	クラウゼヴィッツ
分析レベル	・すべてのレベル（政治、戦略、作戦、戦術レベル）	・主として下位の作戦レベル戦術レベル（戦場における戦術レベル）
インテリジェンス・情報とその運用に対する態度	・楽観的、積極的 ・信頼に足る情報は収集可能であり戦争に勝利する鍵	・悲観的、消極的 ・情報収集には障害が多く（摩擦が原因となり）、信頼に足る情報収集を行うことは不可能ではないにしても困難 ・情報が勝利に貢献する度合いは限定的なものであり、時には逆効果
合理的決断と予測可能性について	・信頼に足る情報に基づき合理的に見積もり計画を立てることは可能 ・予測ということは可能であり、慎重かつ周到に立てられた作戦は勝利への重要な鍵	・摩擦、不確実性、運などによる戦争の支配 ・合理的決断を実行すること、綿密な準備などはあくまで努力目標であり、全面依存は不可 ・予測についてはほとんど不可能
指揮と統制について	・困難であるが可能	・非常に困難でありほとんど不可能
欺瞞について	・戦争遂行上の基本 ・選択可能な武器としての地位を付与 ・勝利への鍵として位置づけ	・非重要なもので逆効果 ・賭けとしての最後の手段
戦争に勝利するための鍵としての情報について	・信頼に足る情報を収集するために最大限努力 ・周到な計画と広範な欺瞞の活用 ・防諜のため処置の実施	・最大限可能な兵力の配置と集中的運用 ・軍事的天才を有する指揮官の直観力に依存 ・主導権の確保と攻勢戦略の保持（敵にとっては不確実性を増し、情報収集に支障）
問題点	・情報と欺瞞に過度に依存することであり、万能薬としての位置づけを付与 ・計画の万全性と実施における過度の自信 ・事態や状況をコントロールできることについて楽観的	・情報と欺瞞の可能性を無視 ・腕力（戦力）、即興性、軍事的天才の直観力への過度な依存 ・事態や状況をコントロールできることについて悲観的

ジェンス・情報につきまとう多くの問題をはらみ、その答えも多数提起されることになる。クラウゼヴィッツの定義するところの直観力と軍事的天才という考え方に依存することにより引き起こされるもっとも大きな潜在的な危険は、極論してしまえば、ベストなインテリジェンス・情報を収集分析しようというインセンティブを弱め、インフォメーション・情報資料をシステマティックに集めようとする指向そのものが、直観力に頼ることにすり換えられてしまうことである。

孫武もまた指揮官の理想像について説き、その大切な役割について言及しており、指揮官は、創造的で独立した判断を下すに際しては自身の経験と直観に依存しなければならないとしている。『孫子』では、軍事的指導者の理論的かつ実際的な役割の重要性は、『戦争論』のようには追求されていないが、クラウゼヴィッツの「軍事的天才」と、孫武が言うところの「善く戦う者」もしくは「善く兵を用うる者」の両者は、うわべの違いを除けば多くの共通点を有するのである。

しかしながら、両者の最大の相違点は、孫武が定めるところの指揮官は、クラウゼヴィッツとは異なり、直観力よりも慎重かつ定められた計算による見積もりに重きを置くことが肝要としている。
孫武は、政治指導者が軍隊指揮官を選任することはもっとも重要で大切な決断であるとしている。

「夫れ、将は国の輔なり。輔、周なれば、則ち国必ず強く、輔、隙あらば、則ち国必ず弱し」

――『孫子』69ページ（謀攻篇第三）

（和訳＝そもそも、将軍は国家の干城（最後の砦）ともいうべき存在である。彼の政治指導者に対する補佐が万般に及び適切である場合は、国家は必ず強く、もしも、彼の政治指導者に対する補佐に欠けるところがある場合は、必ず国家は弱体化する）

『孫子』では、軍隊指揮官の選定は特に重要なものとみなされており、それはその地位に要求される非常に大きな専門的独立性、それに付随する大きな自由裁量を戦場において与え認めることになるからである。

「将、能にして、君、御せざる者は勝つ」

——『孫子』74ページ（謀攻篇第三）

（和訳＝有能で、しかも最高政治指導者の干渉から自由な将軍を擁する者は、勝利する）

「計、利として以て聴かるれば、乃ち之が勢を為して、以て其の外を佐く。勢とは、利に因って権を制するなり」

——『孫子』28ページ（始計篇第一）

（和訳＝将軍は、私の戦争論、戦略・戦術論が明らかにした利点を考慮して、それを実現しやすい環境条件を創り出していかなければならない。そして、この条件作為によって生じた戦機に乗じて迅速に行動を起こし、勝敗の主導権を掌握していかなければならない）

クラウゼヴィッツは軍事的天才のあり方やその理念型について、章のひとつをあてて論及しているが（『戦争論』第1編第3章）、孫武はこのテーマについては、『孫子』全体を通してちりばめて論じている。この二つのテキストを詳細に比較検討していくと、両者の見立ての多くはオーバーラップすることがわかる。

第13章

何がもっとも重要か

指揮官の資質

孫武が定義するところの指揮官の資質とは、クラウゼヴィッツの定義するものと基本的な違いはない。しかしながら、孫武においては指揮官たるものに不適切とみなされる資質や行動、あるいは敵の指揮官の欠点や短所などを槍玉にあげてその消極的側面を論ずるという手法に特徴がある。

「怒らしめて之を撓（たわ）む」

――『孫子』31ページ〔始計篇第一〕

（和訳＝敵将は苛だたせ、その精神を混乱させよ）

「……将軍が徒に激するのであれば、その威厳は易く失われるであろう。このような人格は堅固とは言い難い」

――The Art of War　67ページ

「敵将が頑迷固陋（ころう）でかつ激しやすいのであれば、罵詈雑言で誹（そし）り怒らせてしまえばよい。さすれば、この敵将は苛立ち乱され、確たる策もないままに蛮勇を用いては攻勢にでてくることであろう」

――The Art of War　67ページ

「将、其の忿(いきどおり)に勝(た)えずして之に蟻附(ぎふ)すれば、士を殺すこと三分の一。而して城の抜けざる者は、此れ攻の災なり」

——『孫子』64ページ〔謀攻篇第三〕

（和訳＝もしも、軍事的指導者が自制心・忍耐力を欠いて、攻城準備の完成を待ち切れず、城壁に対して蜜蜂が群がるような、総攻撃を命じたならば、城塞都市の攻略はならず、しかも兵士の三分の一は戦死させてしまうこととなるであろう。これこそが、城攻めの弊害である）

「将軍の事は、静にして以て幽、正にして以て治む」

——『孫子』239ページ〔九地篇第十一〕

（和訳＝名将たる者は、沈着冷静に落ち着き払い、深く測り知ることのできない智慧を蔵し、公明正大で偏見のない判断力を持し、よく自分自身を制御し得る者でなければならない）

「……海濶とていれば、拘泥されることはない。その心が深く韜晦を保ち、無私にて己を律することが叶えば、乱されることはない[41]」――The Art of War 136ページ

「故に、将に五危あり」――『孫子』165ページ〔九変篇第八〕

（和訳＝将軍にとっては、危険をもたらす五つの弱点「五危」がある）

「必死は殺され」――『孫子』166ページ〔九変篇第八〕

（和訳＝向こう見ずで死に物狂いになる将軍は、殺される）

「愚鈍であるが蛮勇を貴ぶ将軍は災いのもとである。兵士たちは将軍が真に勇敢であるかを問い関心をもつものである。将軍とは勇気が……」――The Art of War 114ページ

「必生は虜にされ」――『孫子』166ページ〔九変篇第八〕

（和訳＝死を恐れ、生に執着する将軍は、虜とされるであろう）

「命を長らえることに至上の価値をおけば、ことに臨んで躊躇して失する。将軍が躊躇すれば、災いとなる」

——The Art of War　114ページ

「忿速（ふんそく）は侮（あなど）られ」

——『孫子』166ページ〔九変篇第八〕

（和訳＝短気で怒りやすい将軍は、敵の挑発に乗りやすく、主導権を失う）

——The Art of War　114ページ

「将軍に要される資質は、堅忍さである」

——The Art of War　115ページ

「廉潔は辱しめられ」

——『孫子』167ページ〔九変篇第八〕

（和訳＝あまりにも清廉潔白な将軍は、辱められると、謀略に陥りやすい）

「己の面子を守ることに執着する者は、他の物事に関心を払うことができなくなる」

——The Art of War　115ページ

「愛民は煩わされる」

——『孫子』167ページ〔九変篇第八〕

（和訳＝人民や部下将兵に対する同情心に富み、鬼手仏心という大事を理解できず、小を殺して大を生かす道を知らない将軍は、優柔不断に陥りやすく、重要な時機における決断を下せない）

「人道的精神に溢れ、他者を思いやる気持ちに溢れ、犠牲者が生ずることを恐れ、このような人は長期的な視野に立った利益を確保するために、短期的な利益をあきらめることができない」

——The Art of War　115ページ

「凡そ、此の五者は、将の過なり。用兵の災なり」

——『孫子』168ページ〔九変篇第八〕

（和訳＝この五つの性格的な弱点は、将軍の武力戦指導においては致命的な欠陥とな

る）

「軍を覆し将を殺すは、必ず五危を以てす。察せざるべからざるなり」
――『孫子』168ページ〔九変篇第八〕

（和訳＝軍隊の壊滅と将軍の戦死は、必ずこの五つの弱点から生ずるものである。よくよく理解認識し、自省自戒しておかねばならないことである）

孫武は、たとえ最悪の状況に直面しようとも合理的に計算し、そして決断できる将軍のあり方に価値を置き、安定感、決断力、忍耐強さ、冷静沈着さなどを重要な要素と見なした。冷静さを欠き、勇猛果敢ではあるがすぐに激情に流され心を乱すような指揮官や将軍は、敵によって容易に操作されてしまう。知恵や合理性が伴わず、勇敢さだけでは（必要なことではあるが、それだけでは十分ではない）、蛮勇に堕して自滅への道を突っ走ることになる。冷静さを欠いた上で勇猛果敢さだけを有することは、決して尊敬や崇敬の対象にはならない。これは、勇猛果敢な将校（士官）が冷静さを欠き猪突猛進で「(自制心を失った状態で)」(The Art of War 106〜107ページ) 敵を攻撃撃破した後、その成功にもかかわらず打ち首になったという話がよく物語っているといえる。

クラウゼヴィッツは、インテリジェンス・情報や知恵を必ずしも軍隊指揮官にもっとも望まれる資質としては見ていない。

「単なる知性(インテリジェンス)だけではいまだ勇気ではなく、きわめて聡明だがしばしば決断に欠けている人をわれわれは見受ける」――『レクラム版』71ページ

先ほど引用したが、過度な思いやりが指揮官の行動と指揮統率を弱めることにつながるとする『孫子』の言がこの問題について同様に示唆している。安定感と冷静沈着さ、決断力は不可欠なものであることについては、両者は認識を同じくしている。

ここで再度述べるが、クラウゼヴィッツは、

「決断の存在は、知性のある独特の方向、しかも優れた知性よりも力強い知性によるものであると考える」

——『レクラム版』73ページ

孫武に劣らずクラウゼヴィッツもまた、

「……情意の激動する瞬間においても知性に従う力、つまりわれわれが自制と名づけるものが、情意そのものの中に存在している……」

——『レクラム版』78ページ

としている。クラウゼヴィッツもまた精神力やその強く堅固な性格といったものを重要視したのである。

「感情の強固さとは、むしろいかなる強烈な興奮のさなかにあっても、またどれほど強烈な激情の渦のなかにあっても、なおかつ理性に従って行動し得る能力……感情の強固な人間とは、単に感情の激昂し易い者のことではなく、感情が激昂している時でも均衡状態を失わない者、胸中に渦巻く嵐にもかかわらず、常に洞察と信念とを失わない者のことである、と。それは例えて言えば、嵐にもまれる船舶の羅針盤の針のごとく、常にその進路を見失わないようなものでなければならない」

——『戦争論(上)』107~112ページ、中公文庫

「自分の見解を度々変えるような人は、たとえその変更が自発的にされたとしても、強い性格の人とは言えないのは明らかである。要するに、強い性格の人とは、その人の確信が非常に常続的であるという特質をもった人のことを言う」

——『レクラム版』81~82ページ

「指揮官は、彼の優れた内面の知識を信頼して、波を砕く岩のように確固として立っていなければならない。このような指揮官の役割は容易ではない」

——『レクラム版』96ページ

孫武同様に、クラウゼヴィッツもまた次のようなリスクに対して警戒を喚起している。

「性格の強さについて述べたならば、その変種ともいうべき強情に触れなければならない。具体的な場合について、性格の強さがどこで終わり、強情がどこで始まるかを明言することは大変に難しいことであるが、概念上であれば差異を明確にすることは困難ではないように思われる」

——『レクラム版』83ページ

第14章

戦場における環境と軍隊指揮官の直観力のジレンマ

戦闘において指揮官に必要な理想的な資質については、『孫子』の冒頭に近い部分に記されている。

「将とは、智・信・仁・勇・厳なり」
——『孫子』24ページ〔始計篇第一〕

（和訳＝将とは、最高政治指導者が己の主権を究極的に担保する軍事力を、統率する軍事指導者を選定する場合の考慮要件で、軍事専門職としての識能〈智〉、人格的な信頼性〈信〉、軍隊統率者としての仁愛〈仁〉、任務に対する責任観念〈勇〉、軍隊指揮の峻厳性〈厳〉の五つとする）

「賢慮があるならば、指揮官たるものは変転する状況を看破し、自軍に有利と思われる行動を選択することが可能である。真に誠があるならば、兵士は指揮官の賞罰の公平さに疑義を持つことはない。深い慈悲があるならば、指揮官たるものは、兵士を慈しみ、情を共にし、兵士の精勤に感謝の気持ちを有する。勇敢であるならば、指揮官たるものは、ためらいなく勝機を摑み勝利を得る。厳律であるならば、指揮官の部隊では、兵士はその威厳を畏怖し、処罰を恐れ規律をより遵守する。……勇敢でないのであれば、指揮官は生まれ出る疑念を克服できず、偉大な作戦計画を立案することなど覚束ないことである」

——The Art of War　65ページ

さらに別の章において、卓越した指揮官の理想的な資質について言及している。

「指揮官の指揮統率上の要として求められるものは、確固たる認識力、隷下部隊内の調和、綿密な計画で組成され十分に練られた戦略、勝機の掌握、人事への慧眼などがある。指揮官たるものが敵と相対してもなお、己の能力を知らず、臨機応変に対応する術を知らないのであれば、そこで右往左往するばかりで一向に策を講ずることが叶わないであろう。軽挙妄動をする指揮官とは、頼りにならない報告に信を置き、さらには信ずる物事が頻繁に変転されるのである」

——The Art of War　87ページ

この最後の下りは、クラウゼヴィッツが「戦争における情報」(『レクラム版』95ページ)で言及している錯綜するインテリジェンス・情報報告に直面する指揮官のジレンマに関する論とほぼ一致している。

このような明確な認識力、人間性への理解能力、そして浮動的な状況に突如と現れる戦機を捕捉する能力など、軍事的指導者に求められる資質の大半は、戦争の達人としての経験と直観力に大きく依存する。実際に、孫武は、機を逃さずに勝機をつかみとるために素早く決断する必要性を説いた一貫した主張は、指揮官は、無限のように変化する状況とあらゆる要素をすべて考慮する余裕がない以上、自分自身の直観(ガットフィーリング)を頼りとしなければならないと示唆しているともいえる。

『戦争論』は、指揮官または軍事的天才は、クラウゼヴィッツが次に言及するようなクードゥイユ(精神的眼力・精神的眼光)なくしては、戦場における混乱を掌握することはできないとしている。

「普通の精神的眼力ではとうてい見ることはできない、あるいは長時間の考察と熟考の後にはじめて見ることのできるような真実を迅速・適切に把握する能力にほかならない[42]」

——『レクラム版』71ページ

「戦争において行動の基準となるのは、事実を予感し、あるいは感知するしかないのが常態である」

——『レクラム版』82ページ

「この際、あらゆる関係が多種多様であり、またその関係の境界が不明確なので、数多くの重要な事項を考慮しなければならず、またこの重要な事項の大部分は確からしさの法則による以外に推定のしようがない。したがって、随所に真実を予感し得る。知的見識をもってあらゆる事に当たらないと、考察や顧慮は錯綜し、その錯綜から出口を見つけ出し、良い判断に至ることはできないであろう。……いずれにしても、将軍のこの高度の知的・情意的活動が彼の行動の総合的な成果として顕示されず、ただ単に優れていたという漠然とした言い伝えだけでは、その活動は歴史的事実にはほとんどならないであろう」

——『レクラム版』89～90ページ

直観力の役割や重要性については、孫武は行間に示唆する部分が多く、ほとんど詳細に説明していないが、孫武自身は、有能な軍人のすべてが必ずしも成功し得る軍事的指導者になれるわけではないとしている。これは、経験や教育だけでは十分とはいえず、ある種の特別な資質（直観力や天賦の才）が要求されるということを暗示しているようにも思われる。戦争の達人は、常人が見抜くことができない勝利を看破してつかむことができるのである。(43) 優れた指揮官は自身の天賦の才、状況を読み取る独特の能力を用いることで、より有利な状況を作り出すのである。

「故に、善く敵を動かす者は、之に形すれば敵必ず之に従い、之に予うれば敵必ず之を取る。利を以て之を動かし、卒を以て之を待つ」

――『孫子』104ページ〔勢篇第五〕

（和訳＝したがって名将は、敵に対し我が態勢上の混乱や欠陥を暴露する弱点を自ら作為し、敵が必ず手を出さずにはいられないような餌や囮の利益をちらつかせて敵の態

勢をくずした後に、企図を秘匿して準備した正々堂々の反撃力をもって、釣り出された敵を撃破するのである）

「故に、善く戦う者は、之を勢に求めて、人に責めず」

――『孫子』105ページ（勢篇第五）

（和訳＝したがって、有能な指揮官は、戦況の流れの中の勢いに勝機を求め、隷下部隊や部下将兵の獅子奮迅の勇戦敢闘に期待する無理な要求をすることはない。部下将兵に責任を転嫁することもない）

「兵法に真に精通した者は、勝機を読むこと、臨機応変に処することに重きを置く。こうした者は、勝利のための苦難と負担を兵士だけに負わせるようなことはしない」

――*The Art of War*　93ページ

クラウゼヴィッツは次のようなポイントを論じている。

「このような、一面的な考察しかできない貧弱な知識によって理解できないものすべて、学問的なものの領域外にあり、規則を越えた天才の領域にあると考えられた」

――『レクラム版』117ページ

「才能や天才は法則を無視して行動し、理論は現実と矛盾することになる」

――『レクラム版』124ページ

「また、すべての法則を超越する天才を強調することによって自説の助けとすることは、これらの法則が愚者のために書かれていることを意味しているばかりでなく、実際に法則それ自体が誤りであるに違いない」

――『レクラム版』193ページ

孫武もまた同じ考え方を次のような言で論及している。

「勝機が現れたのであれば、将軍たるものは自己に有利な状況へと導けるよう己の能力に頼らなくてはならない。無論、既成概念に縛られた手段に拘泥する必要はない」

——*The Art of War*　１１２ページ

孫武はまた指揮官が創造力をもつことの必要性についても言及している（これはひとつの天才として解釈もできる）。指揮官は、

「故に、その戦勝を復びせず、而して、形を無窮に応ぜしむ」

——『孫子』１２６ページ〔虚実篇第六〕

（和訳＝したがって、私は二度と同じ手を用いることはしない。なぜならば、勝利というものは、戦況の変化に応じて、戦法を縦横かつ無限に変化させていく所に求めていくべきものだからである）

ただし『孫子』全体としては、危機に直面した際に、こうした直観力よりも合理的

な計算に基づき予想し判断できる能力をより高く評価したのである。

「是の故に、智者の慮は、必ず利害を雑う」

——『孫子』162ページ〔九変篇第八〕

（和訳＝したがって、名将の状況判断は、彼我の相対戦力、戦場の戦術的な特性等の利害得失を打算して熟慮するのである）

「窮地のなかに有利があり、有利から窮地が生ずると指揮官たるものは熟慮しておく」

——*The Art of War*　113ページ

「利を雑えて、務、信ぶべきなり。害を雑えて、患、解くべきなり」

——『孫子』162ページ〔九変篇第八〕

（和訳＝有利な要素と不利な要素とを同時に考慮に入れるから、名将はその企図を実現することが可能になるのであり、不利な要素を考慮に入れるから、困難を打開できるのである）

「自軍が敵に対して有利に立つことを欲すれば、採用する策の利点ばかりではなく、敵がその策をどのように衝くかということも熟慮しなければならない」

――The Art of War　113ページ

「有利と不利、これは相互に生じることになる。故に賢慮をもってあたらねばならない」

――The Art of War　113ページ

孫武にとって戦争の天才とは、直観力以上に慎重さと綿密さを頼むものとしている。孫武の流れを汲むことになる指揮官は、クラウゼヴィッツが指揮官に必要と考えていたこと以上の幅広い分野に精通していることが求められる。

「法とは、曲制・官道・主用なり」

――『孫子』24ページ（始計篇第一）

（和訳＝法とは、軍隊の組織編成、上・下級将校の服務規律、後方兵站などをいう）

「凡そ、此の五者は、将として聞かざるは莫し。之を知る者は勝ち、知らざる者は勝たず」

——『孫子』25ページ〔始計篇第一〕

（和訳＝この五つの考慮要素を耳にしたことのない政軍指導者はいない。これを体得した者は勝利し、体得しない者は敗北する）

特に、最高指揮レベルに関しては、孫武の立場においては、そこにロマンティックな要素はほとんどなく、むしろ現代戦の複雑性を鑑みると今日でも意義のある見立てをしているが、一方のクラウゼヴィッツの軍事的天才という概念は多くの問題をはらんでいる。一体どのようにして軍事的天才を見抜くことができるのだろうか？　そして、これらの経験や能力はどのようにして涵養されるのだろうか？　戦争の異なるタイプ、異なる様々なレベルにおいては、それぞれに適したそれぞれの特別な能力や天才といったものが必要となるのではないだろうか？　そして軍事的天才が神通力を失ったとき、いかにして我々はそれを見抜き知ることができるのだろうか？

一度の戦争で成功した経験と天賦の才が、果たして次の戦争でも有効なのであろうか？　これらの問題については、結局のところ合理的で十分に納得のいく答えを得ることはできない。

しかし、このように議論したからといっても、クラウゼヴィッツの主張した軍事的天才という概念が無意味であるというわけではない。再度言及するが、クラウゼヴィッツが主要な分析対象としていたのは、下位の作戦レベルについてである。このレベルでは、複雑な決断を慎重かつ綿密に行うような時間的余裕もなく、軍隊指揮官は、直観力や状況は一体どうなっているのかを自問する特別な能力なくして勝利は覚束ないのである。この軍事的天才による直観力というのは非合理的なものではなく、むしろこれはこの直観的判断が事後の結果を合理的に説明できるという性質を有するという、いわば合理性の異なる領域の反映なのである。しかしながら、これをより上位の政治・戦略レベルにおいても直観力に同様の地位を与えてしまえば、非合理的な行動を導くことになるだろう。

『戦争論』と同様、『孫子』においても、理想的な軍事的指導者の役割は国民と国家にとっては死活的に重要な位置づけを占めているとしている。これは、孫武の言にある「戦争の達人たるものは最も大きな責任を国民の生活に対して負っているのである」というところに明確に示されている。

「……一〇〇万の将兵に対する責任は、一人の将軍に帰せられる。将軍は士気の源泉である」

——*The Art of War* 108ページ

「故に、進みて名を求めず、退きて罪を避けず、唯民を是れ保ちて、利を主に合わせるものは、国の宝なり」

——『孫子』209ページ〔地形篇第十〕

（和訳＝したがって攻撃や追撃など積極的な方策の提言にあたっては個人的栄誉を求めず、作戦中止や撤退など消極的と思われる方策の提言による解任や処罰の回避を、露ほども念頭におくことなく、ただただ国民の保護と君主の最高利益のために奉仕することを信念にする将軍は、国の宝である）

「故に、将軍は尊敬を一身に集めることになるのである」　――The Art of War　65ページ

クラウゼヴィッツの軍事的天才というモデルは、ロンメルやグーデリアン、ナポレオンのような野戦軍指揮官を意味するのであろうが、孫武の言うところの戦争の達人とは、孫武が有した広い視野を反映しており、故に、モントゴメリー、アイゼンハワー、カルノー〔訳注　一七五三―一八二三、フランス革命戦争期のフランス軍の軍制改革を先導した将軍〕のようなタイプがあげられるであろう。無論、戦争に求められるあらゆるタイプの資質を、たった一人の指揮官がすべて兼ね備えているということは現実的なことではない。これら両方の指揮官モデルは、妥当な補完関係をもつモデルとして常に一定の意味を持ち続けるのである。

第15章

勇敢さと計算(打算)どちらが重要か

孫武とクラウゼヴィッツの基本的な類似点と相違点はともに、理想的な指揮官がリスクをとり勝機をつかむ際のあり方において明確に表れてくる。孫武とクラウゼヴィッツは、軍隊指揮上で直面する大きな試練のなかで、理想的な指揮官たるものは冷静に熟慮することと勇気や豪胆さを上手く統合することが必要であることについては、同意するであろう。しかしながら、そのどちらに重心を置くかについては見解を異にする。クラウゼヴィッツは、冷静に熟慮し合理的な打算をすることよりも勇気と勇敢さを賞賛し好み、孫武はこの逆をより好んだということが真実であろう。

「勇敢であるならば、指揮官たるものは、ためらいなく勝機を掴(つか)み勝利を得る」

——*The Art of War*　65ページ

「将軍たるものが勇敢さを有しなければ、心中に浮かび上がる疑義を克服しえず、偉大な作戦を構想することも叶わない」

——*The Art of War*　65ページ

「是の故に、智者の慮は、必ず利害を雑う」

——『孫子』162ページ〔九変篇第八〕

(和訳＝したがって、名将の状況判断は、彼我の相対戦力、戦場の戦術的な特性等の利害得失を打算して熟慮するのである)

「窮地の中に有利があり、有利から窮地が生ずると指揮官たるものは熟慮しておく」

——*The Art of War*　113ページ

「利を雑(まじ)えて、務、信(の)ぶべきなり。害を雑えて、患、解くべきなり」

——『孫子』162ページ〔九変篇第八〕

(和訳＝有利な要素と不利な要素とを同時に考慮に入れるから、名将はその企図を実現することが可能になるのであり、不利な要素を考慮に入れるから、困難を打開できるのである)

「故に、尽(ことごと)く兵を用うるの害を知らざる者は、則ち尽く兵を用うるの利も知ること能わざるなり」

——『孫子』45ページ(作戦篇第二)

(和訳=したがって、武力行使に伴って生ずる不可避の弊害、危機、危険を理解認識しない者には、有効適正な戦争指導・武力戦指導を行うことは至難のことである)

こうした言から明らかなように、孫武は、今日でいうところの「計算されたリスク」と呼ぶものを強く指向したといえる。さらに言えば、慎重で用心深い指揮官、リスクをとることのできる指揮官の両方のタイプそれぞれの必要性を指摘していたといえる。

「勇敢である者は攻勢し、慎重な者は防御し、知恵ある者は参謀となる。故に、能力が無為になることはない」

——The Art of War 93~94ページ

「戦闘を好み勇敢を蔵する将軍一人にすべてを任せれば、艱難(かんなん)に直面するであろう。慎重を尊ぶ将軍一人にすべてを任せれば、心中の怯懦(きょうだ)から状況を制することが叶わなくなるであろう」

——The Art of War 93~94ページ

慎重・用心深さと勇気・勇敢の二つは理性的にバランスがとれることを論及しながらも、孫武は最終的には、大きなリスクをとる指揮官よりも、慎重にかつ用心深く計算し判断する指揮官に軍配をあげている。ゲームの理論でいえば、孫武は戦争の達人たるものは、マキシマックス戦略（最大のリスクと最大の成果）よりも、ミニマックス戦略（最小限のリスクと最大の成果）によるべきであるという結論に至っている。

一方で、クラウゼヴィッツは、全体としては勇猛果敢でリスクをとることのできる将軍を好み、慎重かつ用心深さをベースとすることを要さないような大胆・豪胆さを有するタイプの将軍を賞賛したということは疑いようもない。

「それ以上に、われわれは、戦争において勇敢が独自の特権を享受していることを認めねばならない。勇敢において劣った相手に対して常に優勢が獲得できることが示されているので、勇敢には、空間、時間や戦力に関する計算の結果の外に、ある一定の重要性が認められなければならない。すなわち、勇敢は、真に創造的な力である」

——『レクラム版』198ページ

「戦争において、両者の洞察力が同等であった場合、勇敢によってよりも臆病によって敗れることの方がはるかに多いことは、読者の理解を得るのに多くの説明を要しないであろう」

——『レクラム版』199ページ

クラウゼヴィッツは、大胆・豪胆さこそは、戦争の偉大なる指導者を生み出す資質であるとしたのである。

「われわれは、勇敢ではない優れた将軍を想像することはできない。言い換えると、このような精神的な力を生まれながらに備えていない人間は、優れた将軍にはなり得ない。すなわち、われわれは、勇敢を将軍としての生涯の第一条件として考える」

——『レクラム版』200ページ

故に、クラウゼヴィッツが軍事的指導者の資質に関してもっとも心配したことは、指揮官に付与されている階級が上がるにつれてその大胆さや勇気が摩耗して失われていくことであった。

「大胆さはその職の第一条件と見なさるべきこと、などといったことは信じられてよい。大胆さは生得のものであるとともに、教育その他の人生を通じてさらに練磨され変形されるものだが、地位の向上につれてどの程度それが失われるかは二次的問題である」

——『戦争論（上）』274ページ、中公文庫

「高位の指導的地位に就くにつれて、知能、悟性、洞察力の活動が段々と支配的になり、心情の一特性たる大胆さはますます抑制されるのであって、それゆえ、最高の地位にある者が大胆であるのは極めて稀であるが、逆に言えば、最高位者の大胆さは一層驚嘆に値するとも言えるのである」

——『戦争論（上）』273ページ、中公文庫

勇気・勇敢・大胆・豪胆さが決定的な資質と信じたクラウゼヴィッツは、強いて選ぶならば、無為に休止することよりも、名誉ある失敗を好むことになる。クラウゼヴィッツの言に次のようなものがある。

「向こう見ずな、つまり無目的な勇敢でさえも、軽視すべきではない。基本的に、これは、真の勇敢と同一の情意の力であり、ただ、精神の働きを伴わない一種の激情として発揮されたにすぎないからである」

——『レクラム版』199ページ

クラウゼヴィッツは、勇敢がなければ慎重かつ用心深く計算することはそもそも実をなさず、成功は覚束ないということを提起しているようである。したがって、この階級が上がるにつれて維持することが難しい勇敢さを、より重要なものとして位置づけたのである。

直観力をより大きく頼みとすることで、クラウゼヴィッツの定義するところの軍事的天才とは、危険かつ不確実な状況を上手く自軍に有利にするように制することができるとしたのである。

「つまり、個々の場合においても、できるかぎり少ないほうがよいが、常に不確実さのもっとも少ない手段を選ばねばならないというわけではない。そのような主張は、およそわれわれの理論的な見解とは相容れない。最高の賭けが、最高の英知であるような場合がある」

――『レクラム版』170ページ

しかしながら、くどいようであるがもう一度次のことを述べたい。クラウゼヴィッツの主な関心領域は、作戦レベルの決断であり、戦略レベルではない（クラウゼヴィッツは長期間にわたる戦略的政策以上に、戦闘において即座に決まる運命というものに、より関心を有していたのである。無論、戦略レベルにおいて言及したとすれば、クラウゼヴィッツが慎重かつ用心深さを重用することを勧めることは疑いないのであろう）。

これら二つのタイプの将軍のうちどちらがもっとも効用が高いといえるであろうか？　孫武が言うところの慎重かつ用心深い、ミニマックスを好む将軍と、クラウゼヴィッツが好むところのマキシマックスを好む将軍のどちらであろうか？　クラウゼヴィッツは次のような驚くべき結論でこの問題に幕を引いている。

「勇敢と臆病がしばしば遭遇すると、臆病が既に平衡を失った状態にあるので、勝利の可能性は常に前者にある。ただ、勇敢が特別な用心深さと遭遇した場合には、これを同様に言うこともできるのだが、勇敢と同じかそれ以上に強力なので、勇敢が弱点となることがあるが、それは極めてまれなことである」

――『レクラム版』１９８ページ

終章

両者は補完関係

孫武とクラウゼヴィッツ、両者の思想は時として正反対なものとして捉えられることがある。二つの古典を隔てる文化的・歴史的な違いや、よく引き合いに出される箴言の違いなどから、孫武とクラウゼヴィッツは本質的に対立する思想であり理論であるとの結論を助長する傾向が見受けられる。

しかしながら、両書を読み進めていけば、多くの相違点が確かにある一方で、類似点・共通点、あるいは補完関係にあるポイントなども多く存在することも明からである。孫武とクラウゼヴィッツが議論をしたならば、互いに一致せずに不同意に至る主なポイントは、「情報の価値」「欺騙の効用効果」「奇襲攻撃の妥当性」「戦場での状況予測可能性とそのコントロール・統制」などに集約されることになるだろう。

軍の指揮官（司令官）に要求される資質、重要局面における判断力などについては、孫武、クラウゼヴィッツは基本的な部分では一致をみるであろうが、どこにその重心を置くかについては見解を異にする。

孫武は主として、慎重にかつ用心深く十分に計算して合理的な選択肢をベースに決断する戦争術の達人を好み、クラウゼヴィッツは、一種のアートともいえる直観力を有する軍事的天才に重きを置いたのである。

政治の優位性（主導）の原則、軍事行動上の軍人に対する作戦自由裁量付与の必要性、兵力数優越の重要性、そして、武力戦が不可避となった場合、可能な限り迅速な勝利をおさめる、などのポイントについては、両者の見解はまったく同じというわけではないが多くは類似している。

『戦争論』を読み解くプロセスで、本文中ではさほど重要視されていないと形式的に解釈してしまうと、「情報」「奇襲」「欺騙」の三つの要素についてはさほど真剣に検討をしなくてもよいという結論に至ってしまったであろう。一方、『孫子』を読み進めていくなかで陥りがちなのが、指揮官があらゆるレベルにおいて「情報」や「奇襲」の重要性、「欺騙」の万能性を過大評価し思慮してしまうということであろう。しかしながら、これらのポイントについてあまり拡大解釈をするべきではない。

クラウゼヴィッツの分析は、今日の戦争においてさえ、摩擦、偶然が作用し、状況（敵情）不明が常である下位の作戦レベルから、彼の戦訓と教訓を導きだすことをベースとしており、一方の孫武はその分析を、同じことを下位の作戦レベルにくらべて、摩擦、偶然の作用が少なく、状況（敵情）不明や不確定要素がいくらか少ない上位の作戦レベル、戦略レベルをベースに実施している。故に、孫武のほうが先述の三つの要素においてより積極的な結論に至ることになる。

時折、『孫子』の字面を忠実に解釈するあまり、孫武の理想とする言は実際の処方箋として実施するには非現実的であると捉えてしまうことで、クラウゼヴィッツとの違いが必要以上に過大に示されてしまうことがある。

たとえば孫武は、大勝利とは、干戈を交えずに最小限の犠牲と最低限のコストでもって実現することにあると主張している。しかしながら、孫武がこの考え方についてあくまで時宜を得ていれば実現が可能であると信じていた意味合いについては、十分に理解されているとは言い難い。

反対にクラウゼヴィッツは、流血や戦争なくして勝利をおさめることはきわめて稀であると宣言している。しかしながら、クラウゼヴィッツ自身もまたそれが決して不可能であるとは言っていない。

これらから敷衍（ふえん）していえることは、両者とも同じ問題に対して別の角度からアプローチをしているということである。つまり、排他的な戦争学のパラダイムを提示しているというよりも、補い合ういわば補完関係にあるといえるであろう。

『戦争論』と『孫子』の相違点や矛盾点を捉えることについて、文化的、歴史的、あるいは言語的な表現方法などの観点を重視して、そこに過敏に反応するのではなく、むしろ、両者が異なったレベル（戦略・作戦・戦術）からの分析を試みていること、そして、行間を読む努力を適切と考えたい。無論、これは本書であまり深入りしなかった文化的、言語的、哲学的要素については重要ではないということではない。

ただ、中国史やヨーロッパ史の史実に直接の利害を有さない戦略家の立場からは、時代や場所の制約といったものを超越する観点を保持することにより、多くの示唆に富む知恵をこれら不朽の古典から学ぶことができることは確かであろう。決してどちらのアプローチがより戦争を論ずるものとして正しいか適切かということではなく、そのどちらもが今日の読者にとっては対等に相関関係をもつ戦争学の視座を提供するのである。

結局のところ、こうした比較分析のもっとも大切な意義とは、この二つの古典を武力戦と戦場、これらが政治の延長にある道具であるということを理解するためにこそ十分に活用されるべきものであるということである。今後、さらなる研究が進み、両者に共通するエッセンスが見出されることに期待したい。

注ならびに参照事項

（1）B.H. Liddell Hart's foreword to Sun Tzu, *The Art of War*, trans. Samuel B. Griffith, New York: Oxford University Press, 1971, pp.v-vii. から引用。本書における引用のすべてはこの本から行われている。この本は、アメリカの読者が容易に入手できるものである。他に推薦するべき翻訳本としては、Sun Tzu, *The Art of War*, trans. Thomas Cleary, Boston: Shambhala, 1988; Sun Tzu, *The Art of War*: Military Manual, trans. Chang Lin, Hong Kong: Far East Book Press, 1969; and Sun Tzu, *The Art of War*, trans. Lionel Giles, London: Luvzac, 1910, (Sun Tzu, *The Art of War*, ed. James Clavell, New York: Delcorte, 1983.)。さらに、Giles の翻訳（解説や注釈はなし）は、Thomas R. Phillips 准将の序文と注を付して出版された（In the series of the Military Service Publishing Company in Harrisburg Pennsylvania in 1944)。

なお、本論での簡潔さを維持するため、孫武自身の言葉と、『孫子』のなかに記載されている伝統的な注釈者の説については、特に区別せずに孫武のものとして言及した。加えて、すべての引用は、*The Art of War* が何世代もの時を経るなかで少なくとも数名の人間の言葉を編集した本であると思われ、その考え方に基づく用語を含む“The Sun Tzu”ではなく、孫武自身の手によって著された“Sun Tzu”として記述した。

（2）John K. Fairbank, "Introduction: Varieties of the Chinese Military Experience," in *Chinese Ways in Warfare*, eds. John K. Fairbank and Frank A. Kierman, Jr., Cambridge, MA: Harvard University Press, 1974, p.25. 参照。

（3）この考え方は、*Clausewitz's Principles of War*, trans. and ed. Hans W. Gatzke, Harrisburg, P. A.: The Military Service Publishing Co., 1943. を反映している。この作品は、クラウゼヴィッツがロシアのフレデリック・ウィリアム皇太子の教官として出仕していたときに、皇太子のために書き上げたものである。

（4）カール・フォン・クラウゼヴィッツの『戦争論』の引用はすべて、*On War*, ed. and trans. Sir Michael Howard and Peter Paret, Princeton, NJ: Princeton University Press, 1984. による。

（5）*On War,* Book 8, Chapter 3b, pp. 591ff. 参照。

（6）Sun Tzu, *The Art of War*, trans. Samuel B. Griffith, Foreword p. vi.

（7）*In General Gunther Blumentritt*, A collection of the Military Essays of Gunther Blumentritt, MS #C-096, Historical Division, European Command, Foreign Military Studies Branch, U.S. Army Europe（Mimeographed, in German, no date）. "Wass Kan uns Clausewitz noch heute bedeuten?," pp.453-467.

（8）Michael I. Handel, ed., *Clausewitz and Modern Strategy*, London: Cass, 1986, p.1. 参照。

（9）この観点から、ヒトラーやサダム・フセインによって行われた戦争、ならびにナポレオンの行った戦争の大部分は、合理的な目的にかなう性質のものではなく、むしろ個人的なものであったといえる。

（10）「戦争は、明らかにそれ自身の文法をもっているが、それ自身の論理はもっていない」（『戦争論レクラム版』第8編第6章B、338ページ）

（11）Samuel P. Huntington, *The Soldier and the State*, New York: Vintage Books, 1964, Part1, pp. 1-143;（邦訳『軍人と国家（上・下）』原書房）、Samuel P. Huntington, "Civilian Control of the Military: A Theoretical Statement," *Political Behavior: A Reader in Theory and Research*, Glencoe, Il.: The Free Press, 1956, pp. 380-385. 参照。

（12）純合理的意思決定モデルの要約については、以下の文献を参照。Yehezkiel Dror, *Policymaking Reexamined*, San Francisco: Chandler, 1968.

（13）Frank A. Kierman, Jr., "Phases and Modes of Combat in Early China," in Fairbank and Kierman, eds., *Chinese Ways in Warfare*, pp.27-67.

（14）Fairbank, "Introduction: Varieties of the Chinese Military Experience," Fairbank and Kierman, eds., *Chinese Ways in Warfare*, p.5.

（15）同書、p.7.

(16) 同書
(17) 同書
(18) 同書、p.10.
(19) 同書、p.11.
(20) フェアバンクは次のような指摘をしている。「中国が有する軍事的な経験とは、他の国や地域との比較に十分に耐え得るものであり……こうした比較研究を通じて、巷間よく主張される中国のみが有する独自性などというものは見当違いであるということが理解され得る。しかしながらその一方で、中国の特徴的な考え方や行動様式などを生み出した地理的条件や歴史といったものを完全には除外して論考することはできない」(同書、p.25)。中国の特徴的ともいえる戦争の捉え方を、フェアバンクは次のように列挙している。①ヒロイズム（英雄主義）や暴力を蔑視する傾向があり、栄光あるものとして位置づけない、②従来、攻撃よりも防御を好む傾向、殲滅を目指すことで徒に損耗を増やすよりも、一定の損害を与えること、あるいは講和に持ち込むことを指向する伝統の存在がある、③海外への通商拡大指向よりもむしろ軍事主義と官僚主義の相互互恵が深化した（同書、pp.25-26)。なお、このような特徴は、西洋社会の歴史においても散見される（必ずしもこの特徴が、同じ時期に一国のなかで発生するということではない）。
(21) Michael Handel, *War, Strategy and Intelligence*, London: Cass, 1989, p.4 for the value of truisms

concerning war. 参照。

リデル・ハートは、自身の間接アプローチ戦略について次のように述べている。「敵正面を迂回して後背に迫ることの狙いは、敵の抵抗を回避することと同時に敵の退路を遮断することにある。深慮してみれば、これは、敵の最も弱い抵抗線を衝くことを意味しており、心理学の見地から言えば、最も予期をしていない線ということになる。これはコインの裏と表であり、この意味を理解することができれば、戦略（作戦レベルにおける戦略）に対する知見を広めることにつながる。明らかに敵の最も弱い抵抗線とわかるところを攻撃すれば、敵にそのことを知らしめすことになり、即ちその抵抗線は最も弱いということではなくなる」

B.H. Liddell Hart, *Strategy*, New York: New American Library, 1974, p.327. So much for practical advice and the indirect approach.（邦訳『戦略論（上・下）』原書房）

(22) このクラウゼヴィッツの言とリデル・ハートの次の言を比較されたい。「心理的な要因が物理的なフィールドに対して及ぼす支配的な影響力の存在をよく理解することは間接的な価値を有している」(*Strategy*, p.328)。リデル・ハートは、クラウゼヴィッツが戦争における物理的・数的優勢や、優勢な兵力の集中運用といったことを過度に主張することに対して批判をしており、「戦争では、ありとあらゆる問題において、またすべての原理原則が二面性を有するということに対しての理解」がされていないと論じている（同書、pp.328-329）。この批判は、リデル・ハートがクラウゼヴィッツの方法論や思想を十分に理解していなかったことを明らかにするものである。リデル・ハート自身は戦争において戦略を数学的な手法で分析することで理論化を試みることについてはそこに含まれる誤謬性を指摘したのであるが、結果的に、リデル・ハートは孫武やクラウゼヴィッツが論じたことに対して何ら新しい知見を加えることもなく終わったのである。

(23) 似たような考え方が、トゥキディデスの *The History of the Peloponnesian War*（邦訳『戦史』岩波文庫）のなかで記されている。「我々は法を軽んじるような教育をうけることはなく、そのようなことには自制心が働くものである。さらにはあまり意味のない物事——敵の計画についてもっともらしく理論的な批判を加える能力——などを体得するように育てられてきたわけでもないのである。敵の物事の考え方といったものは、我々とはさして相違があるものではなく、また、勝機や好機の気まぐれさなどは、計算しても見積もれるようなものではないのである。実践するに際しては、敵は優秀であり秀逸な計画を立てることができるものであると想定して対処準備を行うべきである。無論、敵の失点に期するようなことではなく、我々が周到に準備することをもって必勝の信念を保てるようにするべきである。人間のできることには大差はないなどとは考えず、最難関といわれる学校にも必ず秀才と呼ばれるような人物がいるものであると心に銘記して臨むべきである」。Book 1, Chapter 3, Section 84, p.56. [Thucydides is describing the Spartan character.] note 35. 参照。

（24）Frank A. Kierman, Jr., "Phases and Modes of Combat in Early China," in Fairbank and

Kierman, eds., *Chinese Ways in Warfare*, p.65.

(25) このクラウゼヴィッツからの最後の引用は、間接アプローチに対して過度に依存し、さらには計略や欺瞞の活用をあらゆる問題を解決する万能薬のように見立てるリスクに対する警告を発する視点からのものである。つまりは、計略や欺瞞が成功したとしても、依然として勝利をおさめるためには熾烈な戦闘が必要とされるということである。

(26) Michael I. Handel, ed., *Strategic and Operational Deception in the Second World War*, London: Cass, 1987, pp.1-91. 参照。

(27) このクラウゼヴィッツの引用は、リデル・ハートの「クラウゼヴィッツは数的優位と集中運用のメリットを強調しすぎる」という主張を論駁するものである。

(28) Handel, ed., *Strategic and Operational Deception in the Second World War*, p.1. 参照。

(29) Michael I. Handel, ed., *Intelligence and Military Operations*, London: Cass, 1990, pp.13-15. 参照。

(30) Handel, ed., *Strategic and Operational Deception in the Second World War*, pp.1-92. 参照。

(31) インテリジェンスに対するクラウゼヴィッツの詳細な議論については次を参照。Handel, ed., *Intelligence and Military Operations*, Chapter 1; 加えて、Handel, ed., *Clausewitz and Modern Strategy*, pp.66-69.

(32) Michael I. Handel, ed., *Leaders and Intelligence*, London: Cass, 1989.

(33) *On War*, Book 1, Chapter 1, Section 13. 戦争が終結する際のその逆説的な性質に関しては、次を参照、Handel, *War, Strategy and Intelligence*, pp.43-44.

(34) Handel, ed., *Intelligence and Military Operations*, p.59. 参照。

(35) 戦争における支配的要素としての不確実性についてのクラウゼヴィッツの詳細な議論は、Handel, ed., *Intelligence and Military Operations*, pp.13-21. 参照。

興味深いことに、『戦史』におけるトゥキディデスの見解は、孫武とクラウゼヴィッツの中庸ともいえる位置を占めていると思われる。トゥキディデスは、クラウゼヴィッツのように戦争とは予測不可能性に包まれ、計画のすべては実践される際に空中分解してしまうことがままあると述べている。その一方で、彼は、孫武が主張するかのように戦争においては広範囲かつ周到な準備をすることを勧め、それがある程度までは戦争の不確実性を減少させることにつながるとしている。

「多くの拙劣な計画が、敵の落ち度により成功をおさめることがあり、更には、明らかに秀逸な計画を有し、戦力も十分の側が不名誉な敗北を喫することも多々ある。これは、見積もりや予測は乱すものなく安全に行われるが、実戦においては、恐怖が縛りとなって失敗を引き起こすことになる」

(Book1, Chapter 5, Section 121, p.78.)

「戦争の方向性は予期することは叶わず、その攻撃は情意の一時的な高まりから生ずる（クラウゼヴィッツ的な考え）。更には己に対する自信が過剰となることでその準備をおろそかにするような状況

において は、賢明なる慎重さを有したものが、時には数的に優勢な敵を出し抜くことが可能となる（孫武的な考え）」(Book 2, Chapter 5, Section 10, p.106.)

偶然性、不確実性、さらには将来発生する出来事に対してコントロールすることの難しさなどが作用し、どちらか一方が優勢な位置を占めるときには、講和の可能性を探る動機づけとなる。

「戦争について考えてみれば、それは戦士たちが期待する範囲におさまるようなものではなく、偶然性が処方してその行先をしめすことになるであろう。したがって、見込まれる一時の軍功に惑わされて自信過剰になることもなく、慷慨することも少なく、平和を希求する人となるのである。アテナイの人々は、いまこそ、我ら（スパルタの人々）とともにこれを可能にする時にきているのである。このことで、アテナイの人々が我らといがみあうことで被る災難、或いは、アテナイの人々が優勢であったとしても被る災難を避け……」(Book 4, Section 19, p.263.)

「……しかし、戦争における数々の災難の影響を考慮してみれば、それも実際にそうした事態に直面するよりも前に考慮してみればわかるが（クラウゼヴィッツに近い）、戦争が続くかぎり、それは偶然性が支配するものとなり、その支配から逃れることはできないのであり、ただ闇雲に偶然に犯されることになる」(Book 1, Chapter 3, Section 78, p.52.)

(36) Handel, ed., *Intelligence and Military Operations*, pp. 15-21.

(37) 同書、pp.40-49.

(38) 同書、pp.11-21.
(39) 同書、pp.20-21.
(40) 同書、pp.15-21.
(41) 孫武における自制することの強調に関する注意点。
トゥキディデスは以下のような同種の言を残している。

「戦争においては、定まったルールに則って進行するようなことはほとんどなく、寧ろ応急処置のために編み出したものに次々とはめ込んでいくようなものである。故に、戦争に直面してもなお冷静さを保ち得るものは身を保つことが叶い、それを失したものは破滅することになる」(Book 1, Chapter 5, Section 122. p.79.)
(42) クラウゼヴィッツの定義する軍事的天才が有するクードゥイユ(精神的瞥見)とトゥキディデスのテミスクレトス将軍の比較について。
「テミスクレトス将軍は、天才としての才を一点の疑う余地もなく発揮した人であった。この点については、彼は我々からの比類のない賞賛を受けるものである。彼が生まれついて有していた能力、これは学習で身に付けることができないような能力であり、これをもって慎重を期すような余裕がないような危機に直面してはそれを巧みに捌く達人となった。このような類まれなる男は、危機を直観力でもって対処しえる能力が、他者よりも圧倒的に優れていることが許されているに違いないのである」

（*The Peloponnesian War*, Book 1, Chapter 5, Section 138, p.91.）

(43) トゥキディデスは、敵が戦場においてパニックに陥っている状況を看破し、勝機へと結びつけることを軍事的天才の能力として言及している。

「危険に直面して身を竦めてしまってはいけない。このような危険は、戦争についてまわる共通した根拠のないパニックにすぎないことを心に銘記しなくてはいけない。己はこれを克服して、敵が未だこの不利な状態から抜け出せない機を狙って攻撃する時期を看破することは、優れた将軍への道筋である」（*The Peloponnesian War*, Book 3, Chapter 9, Section 29, p.193.）

訳者あとがき

本書の原本であるマイケル・I・ハンデル教授が執筆した米陸軍戦略大学校（U.S. Army War College）教程 *Sun Tzu and Clauzewitz* との出合いは、二〇〇〇年夏に同校留学から帰国した番匠幸一郎一等陸佐（二〇一六年、陸上自衛隊西部方面総監で退官、元陸将：防衛大二四期生）から御土産として頂いたことに始まる。当時、防衛大学校で『孫子』と『戦争論』との共通点と相違点とを比較対照するシラバスに基づく選択科目「軍事古典」を担当していた私にとって、裨益するところきわめて大であった。

私の『孫子』と『戦争論』に対する姿勢は、学問的というよりは自衛官としての立ち位置からの実践的な使い手としてのものであった。東洋と西洋の兵学ということで、一般には両者の相違点のみが極端に強調して伝えられているように、私は感じていた。

しかし両者の行間を深く読み込めば、また両者の生成の軌跡を遠くたどれば、相違点よりは共通点の方が多いことに気付かざるを得なかった。

　生成の軌跡では、孫武が執筆した筈の原著書は未だ発掘発見されておらず、我々が目にしている『現行孫子』は孫武時代から約七〇〇年後の曹操によって編纂された『魏武注孫子』を底本にするものであること、そして『戦争論』は「一八二七年の覚書」でクラウゼヴィッツが書き残した「完全な原稿は、〝第1編第1章　戦争とは何か〟だけである」ことを考慮すれば、「もし孫武の原著書が発掘発見され、あるいはもしクラウゼヴィッツが一八三一年にコレラで突然死することなく長生きしていたならば」と、学界が忌避する〝if〟をもって論ずると、『孫子』と『戦争論』の共通点はさらに増大し、相違点はさらに減少するものと、私は確信している。

　いずれにしても古典は、過去の聖賢と凡夫たる我々が対話できる貴重な〝場〟を提供してくれる。対話に際して重要なことは、吉田松陰の訓戒「聖賢に阿(おもね)らないこと肝要なり」（『講孟余話』）であり、かつクラウゼヴィッツが強調する「〝真実を語れ、真実のみを語れ、全き真実を語れ〟」（『戦争論レクラム版』182ページ）という批判精神の堅持である。

ところで本書翻訳の契機は、共著書『戦略の本質』の編集者である堀口祐介氏と他愛なき四方山話をしているとき、たまたま一九八四年の「ワインバーガー・ドクトリン」に話題が及び、そのドクトリン構築に主動的な役割を果したマイケル・ハンデル教授の戦略・情報分野における卓越した見識に敬服する念において一致したことであった。同氏の熱意ある勧誘がなければ、翻訳という厄介な作業に取り掛かることはなかったであろう。堀口氏は今回の文庫化にあたっても格別の御尽力を下った。厚く御礼申し上げたい。

更に日本ビジネスインテリジェンス協会会長・中川十郎氏（元東京経済大学教授）の御縁から共訳者である西田陽一氏と邂逅し、深い友誼を結び肝胆相照らす仲となった。議論を重ねるうちに両軍事古典の比較論において関心と見解とが一致したことから翻訳の方向性が決まった。

また米陸軍戦略大学校に留学中の松永浩二一等陸佐（現在陸上自衛隊中部方面総監部・幕僚副長、陸将補、防衛大三六期生）の高配により、同校戦略研究所長の

Douglas C. Lovelace Jr. 博士と同校調査部長の Antulid J. Echevarria II 博士から日本語への翻訳の御了解と御激励を頂いたことも我々の翻訳作業への叱咤激励に連なった。御三方に深く感謝申し上げたい。

『戦争論』の日本語訳について、それぞれの訳書からの引用を御快諾下さった大正大学名誉教授・清水多吉先生と日本クラウゼヴィッツ学会前会長の故・川村康之元一等陸佐（防衛大一一期生）、そして『孫子』の読み下し文、和訳について御教導下さった第一経済大学教授・小野繁先生には心から感謝の御礼を申し上げたい。

『失敗の本質』『戦略の本質』『国家経営の本質』、そして残り少ない人生最後の仕事になるであろう第四弾の研究作業で師導を仰いでいる野中郁次郎一橋大学名誉教授から本書刊行に温かい御激励と推薦文を頂いたことに御礼を申し上げたい。

最後に、文庫化に際し、格調高く懇篤なる序文を賜った番匠幸一郎元陸将に深甚なる御礼を申し上げたい。

二〇一七年七月

訳者を代表して　杉之尾　宜生

本書は、二〇一二年九月に日本経済新聞出版社から発行した
同名書を修正のうえ、文庫化したものです。

nbb
日経ビジネス人文庫

米陸軍戦略大学校テキスト
孫子とクラウゼヴィッツ

2017年9月1日 第1刷発行

著者
マイケル・I・ハンデル

訳者
杉之尾宜生・西田陽一
すぎのお・よしお にしだ・よういち

発行者
金子 豊

発行所
日本経済新聞出版社
東京都千代田区大手町1-3-7 〒100-8066
電話(03)3270-0251(代) http://www.nikkeibook.com/

ブックデザイン
鈴木成一デザイン室

印刷・製本
凸版印刷

Printed in Japan ISBN978-4-532-19835-0

nbb 好評既刊

なぜリーダーは「失敗」を認められないのか

リチャード・S・テドロー
土方奈美＝訳

現実を直視できず破滅に向かう企業と、失敗を認め成功する企業の経営の違いとは。ハーバード・ビジネススクールの教授が説く教訓。

ビジネスで失敗する人の10の法則

ドナルド・R・キーオ
山岡洋一＝訳

もし当てはまれば、仕事は高確率で失敗だ——コカ・コーラの元社長が60年超の仕事経験から導き出す法則とは。著名経営者、絶賛の書。

よき経営者の姿

伊丹敬之

ただの「社長ごっこ」はもうやめよう。経営戦略研究家として名高い著者が、成功する真の経営者の論理を解き明かす。経営者必読の指南書。

みんなの経営学 使える実戦教養講座

佐々木圭吾

ドラッカーの「マネジメントは教養である」という言葉を紐解き、金儲けの学問と思われがちな経営学の根本的な概念を明快に解説する。

働くみんなのモティベーション論

金井壽宏

「やる気」の持論があれば、自分自身も周囲にも意欲を持たせることができる！ 人気経営学者が、理論と実践例から「やる気」を考える。

nbb 好評既刊

模倣の経営学
井上達彦

成功するビジネスの多くは模倣からできている。他社(手本)の本質を見抜き〝儲かる仕組み〟を抽出する方法を企業事例から分析。

「東京裁判」を読む
半藤一利
保阪正康
井上 亮

戦勝国が敗戦国・日本の戦犯を断罪した裁判は文明の裁きなのか? 国立公文書館資料を徹底検証し、裁判の本質に迫る。解説・加藤陽子

「BC級裁判」を読む
半藤一利
秦 郁彦
保阪正康
井上 亮

戦後70年。戦争の本質的恐ろしさを今こそ知るべき。封印されていた戦犯裁判記録を第一人者が丁寧に読み解く。解説・井上寿一

「豊かさ」の誕生 上・下
ウィリアム・バーンスタイン
徳川家広＝訳

西洋諸国の勃興から戦前・戦後の日本の成長、イスラム諸国の現在まで、格差を生み出す「豊かさ」の歴史を様々な視点から分析した大作。

リスク 上・下
ピーター・バーンスタイン
青山 護＝訳

リスクの謎に挑み、未来を変えようとした天才・異才たちの驚くべきドラマを壮大なスケールで再現した話題の全米ベストセラー。